Plan Statistique

des Vignobles

produisant

Les Grands Vins

de Bourgogne

Beaune

Ed. Batault-Morot

éditeur

PLAN

STATISTIQUE DES VIGNOBLES

PRODUISANT

LES GRANDS VINS DE BOURGOGNE,

CLASSÉS SÉPARÉMENT

POUR CHAQUE COMMUNE DE L'ARRONDISSEMENT DE BEAUNE,

SUIVANT

LE MÉRITE DES PRODUITS,

PAR LES SOINS DU

COMITÉ D'AGRICULTURE

DE CET ARRONDISSEMENT.

PRÉCÉDÉ D'UN AVANT-PROPOS EXPLICATIF ET DE TABLEAUX PERMETTANT
DE RETROUVER LE RANG QUE CHAQUE PARCELLE DE VIGNE DOIT
OCCUPER DANS L'ORDRE DU MÉRITE DES PRODUITS

BEAUNE,

ED. BATAULT-MOROT, IMPRIMEUR-LIBRAIRE.

PLAN STATISTIQUE

DES VIGNOBLES

PRODUISANT LES GRANDS VINS DE BOURGOGNE.

8341

Beaune, imp. Ed. Batault-Morot.

PLAN

STATISTIQUE DES VIGNOBLES

PRODUISANT

LES GRANDS VINS DE BOURGOGNE,

CLASSÉS SÉPARÉMENT

POUR CHAQUE COMMUNE DE L'ARRONDISSEMENT DE BEAUNE,

SUIVANT

LE MÉRITE DES PRODUITS,

PAR LES SOINS DU

COMITÉ D'AGRICULTURE

DE CET ARRONDISSEMENT.

PRÉCÉDÉ D'UN AVANT-PROPOS EXPLICATIF ET DE TABLEAUX PERMETTANT
DE RETROUVER LE RANG QUE CHAQUE PARCELLE DE VIGNE DOIT
OCCUPER DANS L'ORDRE DU MÉRITE DES PRODUITS

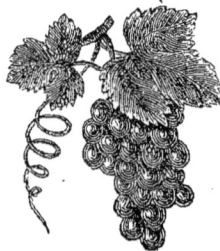

BEAUNE,
IMPRIMERIE LIBRAIRIE ED. BATAULT-MOROT.

—

1861.

AVANT-PROPOS.

Ce plan statistique qui comprend tous les climats de
l'arrondissement de Beaune, produisant des *vins fins*, est
la réduction sur une petite échelle, d'un plan beaucoup plus
détaillé, dressé par les soins d'une Commission choisie au
sein du Comité d'Agriculture de Beaune.

Non-seulement chaque commune, mais encore chaque
climat, et souvent chaque parcelle a été l'objet d'un examen consciencieux de la part de cette Commission qui a
puisé ses renseignements aux meilleures sources.

De plus, avant d'être définitivement arrêté, le classement de chaque commune a été soumis à une enquête pu-
blique autorisée par M. le Préfet de la Côte-d'Or.

Les observations recueillies dans les diverses localités,
ont été l'objet d'un nouvel examen très-approfondi, et le
classement a été modifié en vertu des observations qui ont
été reconnues fondées.

Nous osons donc le dire, le plan que nous publions présente toutes les garanties désirables de sincérité et d'exactitude.

Est-ce à dire pour cela qu'aucune erreur n'ait pu s'y glisser ? Non sans doute, mais la Commission, dans une matière aussi délicate, a tout fait pour écarter les chances d'erreur.

Notre travail n'a d'ailleurs d'autre autorité que celle qui résulte d'une appréciation consciencieuse; chacun est libre d'en contrôler, et même d'en critiquer l'exactitude à son point de vue, sauf au public intéressé à juger en dernier ressort.

Nous tenons du reste à ce qu'il soit bien établi que nous n'avons pas cherché à faire un classement nouveau, mais que nous avons voulu constater, en dehors de tout intérêt personnel, ce qui, dans chaque commune, était déjà admis et reconnu d'une manière générale.

Le classement comporte trois classes ou catégories, figurées sur le plan par trois teintes ou couleurs distinctes ; il a été fait séparément pour chacune des communes, sans rien préjuger sur le mérite comparatif de leurs produits.

La première classe comprend les vignes qui ont paru réunir à un haut degré toutes les conditions voulues pour produire un vin de choix, surtout sous le triple rapport du bouquet, de la finesse et de la conservation ; elle renferme sous une seule division, ce qu'on appelle ordinairement têtes de cuvée et premières cuvées ; la différence qui existe entre les têtes de cuvée et les premières cuvées n'étant pas toujours bien marquée, la Commission n'a pas cru devoir adopter cette sous-division, susceptible d'entrainer trop fréquemment des erreurs regrettables.

La seconde classe (vulgairement nommée secondes cuvées), comprend les vignes placées dans des conditions un peu moins favorables, par rapport à la nature du sol, à son exposition, à son inclinaison, ou à la plus ou moins grande altitude de son niveau.

Il arrive quelque fois, surtout dans les années où la température éminemment favorable diminue ou plutôt modifie l'importance de ces diverses conditions d'infériorité, que les produits des vignes de la deuxième classe approchent de ceux des vignes de la première.

On a rangé dans la troisième classe (troisièmes cuvées),

les vignes qui, tout en produisant des vins encore dignes d'être classés parmi les vins fins, se trouvent placés sur l'extrême limite des bons climats, et laissent à désirer soit pour la finesse, soit pour la conservation.

Nous n'avons pas jugé à propos de comprendre dans le classement une certaine quantité de vignes plantées en pinot ou noirien, mais dont le produit ne doit, à raison de son infériorité, être employé que dans la composition des grands ordinaires.

A plus forte raison, n'y voit-on pas figurer les vignes où se récoltent les gamets ou vins ordinaires; les produits de ces vignobles qui occupent un espace immense, participent, à des degrés différents, des précieuses qualités de nos grands vins et sont l'objet d'un commerce très-étendu. Nous avons voulu restreindre notre travail à cette partie assez resserrée de la côte qui a mérité et porté si loin la réputation du *sol et du nom* Bourguignon.

Espérons que plus tard un travail complet embrassera dans son entier notre riche vignoble.

Il ne faudrait pas conclure des divisions adoptées par nous, que les vins recoltés exclusivement dans les climats de première classe, seront toujours nécessairement de beaucoup préférables aux vins produits par d'autres climats; bien des circonstances difficiles à énumérer, et notamment les soins apportés à la fabrication du vin, peuvent modifier la qualité; il est même certains cas où le mélange intelligent de raisins, récoltés dans des vignes placées en première et en seconde classes, produira un vin supérieur. De même, le vin provenant de plusieurs pièces de vignes situées dans le même climat, ou réunies dans une pièce unique, d'une certaine étendue, présentera, par le fait de cette homogénéité, un cachet particulier qui le fera rechercher par un grand nombre de consommateurs.

L'acheteur ne devra donc pas se régler uniquement sur les indications que contient notre travail; il devra les contrôler par une dégustation exercée et, au besoin, par d'autres renseignements sur le passé des vins provenant des mêmes vignes.

Nous insistons, en faveur des acheteurs étrangers, sur

l'observation faite plus haut, que le classement n'offre au-
cun point de comparaison entre les diverses communes.

Tout le monde comprendra pourquoi nous n'avons pas
cherché à faire cette comparaison ; les goûts sont si différents, les qualités estimées par les uns excluent si souvent
celles que les autres préfèrent, que nous ne pouvions as-
sumer la responsabilité d'appréciations si difficiles et si
contestables.

D'ailleurs, la côte bourguignonne produit deux sortes de
vins qui excellent chacun dans leur genre. Un très ancien
ouvrage, le grand dictionnaire anglais de Miller, dit à ce
sujet : « qu'on distingue dans la côte deux variétés de
vins produits par le même plan : les *vins de primeur* et
les *vins de garde.* » Les vins de primeur sont produits
surtout par la côte de Beaune, qui s'étend de Santenay à
Serrigny. Ils sont moins durables, plus doux, plus agréa-
bles et meilleurs pour la santé (des convalescents). Le
volnay présente le type le plus parfait de ces vins. Les vins
de garde sont produits par la côte de Nuits ainsi que par
certains climats des communes de Meursault, et d'Aloxe
dans la côte de Beaune. Miller dit encore : que les vins *de
garde* sont d'abord rudes et âpres, mais que cela passe, et
qu'alors ils sont parfumés et délicieux. » Il ajoute que le
Chambertin est le vin le plus estimable de la Bourgogne.
Ces deux sortes de vins ne sauraient donc être théori-
quement comparés ; c'est à chacun à les juger et à choisir
celui qui lui convient le mieux.

Nous n'avons pas cru davantage devoir désigner spé-
cialement les vignes produisant des vins blancs fins, elles
sont souvent mélangées avec les vignes en vins rouges et
la distinction en eût été à peu près matériellement inexé-
cutable.

Nous dirons seulement que les vins blancs de premier
ordre se récoltent principalement à Chassagne, Puligny et
Meursault.

NOTE EXPLICATIVE

Les tableaux joints au plan indiquent successivement pour chaque commune, les sections du cadastre et le nom des climats produisant les vins fins, ainsi que leur contenance; puis, sous trois colonnes distinctes, les numéros des parcelles classées en première, seconde et troisième catégories; lorsqu'une parcelle n'est pas comprise entièrement dans la même classe, son numéro est répété dans plusieurs colonnes et un chiffre fractionnaire placé après ce numéro indique quelle portion est comprise dans chaque classe. Les numéros réunis par un *tiret*, comprennent entièrement tous les numéros intermédiaires; ceux séparés par un *point* n'indiquent que les parcelles portant ces numéros.

Aidé de ces tableaux, il est facile de reconnaître à la vue de la matrice cadastrale particulière à chaque propriétaire comment les parcelles qui y figurent ont été classées.

Qu'on trouve par exemple sur l'état délivré à un propriétaire de Chassagne les indications suivantes, section C, lieu dit la Maltroie, numéros 39 et 52, on cherche dans le tableau de la commune de Chassagne, la section C, et dans cette section le climat de la Maltroie; puis on voit en regard sur la même ligne horizontale que les numéros 1 jusqu'à 40 sont de première classe, et ceux de 41 à 62 sont de seconde classe, le numéro 39 est donc de première classe, et le numéro 52 de seconde.

Sous le nom de chaque commune est exprimé le nombre d'hectares de vignes de cette commune soumises au classement. Une indication semblable se trouve pour chaque classe en tête de chacune des trois dernières colonnes du tableau.

NOTES A CONSULTER.

On compte, année moyenne, pour les vins fins, sur une récolte de 15 hectolitres à l'hectare; - pour les vins communs, de 50 à 60 hectolitres à l'hectare.

Les vins de Bourgogne se vendent à la pièce, à la feuillette, au quartaut ou à la bouteille.

La pièce contient 228 litres, la feuillette 114 litres, le quartaut 57 litres, et la bouteille 0,75 centilitres.

Pour les grands vins, à moins de conventions contraires, la futaille est comprise dans le prix de la vente.

Le prix du conditionnement pour l'expédition, ainsi que les frais de régie et de transport, sont à la charge de l'acheteur.

SOINS A DONNER AUX VINS DE BOURGOGNE.

A l'arrivée des *fûts*, il faut les placer de suite dans la cave, *sur le chantier*, de manière à pouvoir tirer le vin en bouteilles sans la moindre secousse.

On doit *incliner la bonde*, afin qu'elle soit toujours baignée par le vin et que l'air n'y pénètre pas (à moins qu'on ne veuille prendre le soin de remplir tous les mois, et surtout de *bien* reboucher les fûts).

Les vins vieux peuvent être mis en bouteilles après un mois de repos, quand on s'est assuré de leur limpidité. Dans le cas où ils seraient troubles, il faut les coller.

On procède au collage de la manière suivante :

Prendre 5 blancs d'œufs pour une pièce, 3 pour une feuillette et 2 pour un quartaut, les mettre dans un vase avec un verre d'eau et fouetter le tout jusqu'à la mousse, puis verser la colle dans le fût duquel on aura sorti 3 à 4 litres, y introduire un bâton fendu au bout et agiter en tous sens, afin que le mélange se fasse complètement; ensuite remettre le vin qu'on aura tiré et remplir le fût jusqu'à la bonde, le boucher *hermétiquement* et laisser reposer pendant un mois environ ; après quoi, l'on peut mettre en bouteilles.

Il faut, autant que possible, mettre le vin en bouteilles par un temps serein ; les bouteilles doivent être rincées et descendues dans la cave où est le vin, vingt-quatre heures au moins avant de le tirer, pour qu'elles soient à la même température, moyen d'éviter les dépôts.

Les *bouteilles* seront *couchées* dans le coin de la cave le plus frais et le moins exposé aux tremblements produits par le passage des voitures.

TABLEAUX STATISTIQUES

DES

VIGNOBLES DE L'ARRONDISSEMENT DE BEAUNE

PRODUISANT LES GRANDS VINS DE BOURGOGNE

CLASSÉS SÉPARÉMENT, DANS LES DIFFÉRENTES COMMUNES, SUIVANT
LE MÉRITE DES PRODUITS.

Les Communes sont rangées dans l'ordre qu'elles occupent sur le terrain.

(Voir, pour faire usage de ces tableaux, la note explicative qui précède.)

SANTENAY.

Vignes en Vins fins, comprenant 250 hectares 71 ares 87 centiares.

SECTIONS cadastral	DÉSIGNATION DES CLIMATS OU LIEUX DITS.	CONTENANCE par CLIMATS.	CLASSEMENT SUIVANT LE MÉRITE DES PRODUITS.		
			1re CLASSE 39 h. 81 a. 50 c.	2e CLASSE 114 h. 58 a. 32 c.	3e CLASSE 96 h. 36 a. 05 c.
		h. a. c.			
A	La Comme.	32 42 18	74. 86-90. 92. 140. 147-149. 158. 160.	39-73. 75-85. 91. 141-146. 150-157. 159. 161-198.	1-38. 199-250.
	Les Gravières	29 37 70	1-179.		
	Beauregard	32 74 84	. . . .	1-87. 138-157. 210-291.	88-137. 158. 197. 199-209.
	Passe-Temps	12 49 87	. . . .	1-84.	
	Les Hates	19 50 77	. . . .	. . . .	1-139.
	Beaurepaire	17 09 38	. . . .	1-179.	
	Sous la Roche	3 82 86	. . . .	. . . .	1-34.
	Biéveau	4 04 75	. . . .	. . . .	1-8. 9½. 10-12. 13½. 14½. 17½. 19. 23. 25½. 28. 178. 179. 188-196.
	La Maladière	13 60 15	. . . .	1-93.	
B	Les Parons-Dessus. .	18 42 70	. . . , ...	1-129.	
	En Boichot.	10 97 07	. . . .	1-52. 62-87.	
C	Saint-Jean	9 97 90	. . . .	. . . .	53-87. 95-132.
	Grand clos Rousseau.	8 63 02	. . . .	16-86.	69-76. 113.
	Les Charmes-Dessus.	10 94 27	. . . , ...	. . . . , . . .	1-111.
	Les Cornières	13 40 15	. . . .	. . . . . . ,	1-147.
D	Clos Genet.	13 24 26	. . . .	. . . .	1-87.

CHASSAGNE.

Vignes en Vins fins, comprenant 260 hectares 54 ares 4 centiares.

SECTIONS cadastral.	DÉSIGNATION DES CLIMATS OU LIEUX DITS.	CONTENANCE par CLIMATS.	CLASSEMENT SUIVANT LE MÉRITE DES PRODUITS. 1re CLASSE 76 h. 23 a. 90 c.	2e CLASSE 103 h. 40 a. 79 c.	3e CLASSE 80 h 89 a. 35 c.
		h. a. c.			
A	Les Montrachets. . .	4 77 50	29-33.	34-48.	
	les Bâtards-Montrachet	12 79 85	8. 9. $10\frac{1}{3}$. 11. 14. $15\frac{2}{3}$. $17\frac{1}{2}$. $18\frac{1}{2}$. 19. $21\frac{1}{2}$. $22\frac{1}{2}$. $25\frac{1}{2}$. $26\frac{1}{2}$. $28\frac{1}{2}$. $29\frac{1}{2}$. $30\frac{1}{2}$. $31\frac{1}{2}$. $32\frac{1}{2}$. 44-49.	1-7. $10\frac{2}{3}$. 12. 13. $15\frac{1}{3}$. 16. $17\frac{1}{2}$. $18\frac{1}{2}$. 20 $21\frac{1}{2}$. $22\frac{1}{2}$. 23. 24. $25\frac{1}{2}$. $26\frac{1}{2}$. 27. $28\frac{1}{2}$. $29\frac{1}{2}$. $30\frac{1}{2}$. $31\frac{1}{2}$. $32\frac{1}{2}$. 33-43. 50-108.	109-135.
	Les Houillères. . . .	9 50 74	. . . .	. . . .	1-110.
	Fontaine-Sol.	6 49 16	. . . . , . . .	124-140. $150\frac{1}{2}$. 152-158.	65--123. 141-149. $150\frac{1}{2}$. 151.
	Plante-Longe	20 82 77	. . . .	. . . .	1-276.
B	Voillenot-Dessous.. .	19 17 87	. . . .	. . . .	1-144.
	les Concis des Champs	6 77 33	. . . .	. . . .	29-120.
C	Les Chaumées. . . .	1 11 50	142.		
	Les Vergers.	9 51 29	. . . .	1-86.	
	Les Chenevottes. . .	11 36 97	. . . .	1-102.	
	Les Macherelles. . .	8 02 42	. . . .	1-101.	
	Clos-Saint-Jean . . .	14 36 18	1-72. 74-80.		
	Chassagne.	5 50 25	173 188. 190. 192-195. 210. 211. 213. 231. 236. 237. 238. 241. 242. 247-258. 357-363. 424. 435.	1. 9. 48. 49. 50. 54. 83. 84. 111-121.	
	La Maltroie	9 21 60	1-40.	41-62.	
	Clos-Devant	18 18 40	. . . .	1-23. 65. 66. 67. 76-230.	24-27. 45-55. 63. 64. 68-75.
	Les Masures.	28 45 32	. . . .	4-212. 214.	
	La Boudriotte	17 94 48	1-69. 72-106.		
	Morgeot	22 05 49	2-11. 13. 46-88	1. 43. 44. 45.	
	Les Brussonnes . . .	15 74 77	1-41. $49\frac{1}{2}$. 50-60. 62 76.	42-48. $49\frac{1}{2}$. 77-103.	
	Le Bois-de-Chassagne	8 75 05	. . . .	1-68.	
	La Grande-Montagne	12 95 10	. . . .	. . . .	1-17. 20-58.

PULIGNY.

Vignes en Vins fins, comprenant 85 hectares 92 ares 94 centiares.

SECTIONS cadastral	DÉSIGNATION DES CLIMATS OU LIEUX DITS.	CONTENANCE par CLIMATS.	CLASSEMENT SUIVANT LE MÉRITE DES PRODUITS. 1re CLASSE 42 h. 31 a 39 c.	2e CLASSE 27 h. 18 a. 40 c.	3e CLASSE 16 h. 35 a. 15 c.
		h. a. c.			
A	Sous-le-Puits.	3 84 90	. . . .	1-28. 30. 31. 32.	
	La Garenne	88 39	78-86.		
	Hameau de Blagny. .	4 34 70	23. 29-43.		
	Les Chalumeaux. . .	7 01 30	1-36.		
	Champ Canet	4 62 15	1-31.	38.	
	Les Folatières	3 42 30	95. 96.	. . . .	84-94.
	Le Cailleret	5 41 50	1-12.	13-19.	
	Mont-Rachet.	10 27 00	1-44.		
B	Clavaillon	5 56 10	. . . .	1-15.	
	Les Pucelles	6 80 95	. . . .	28. 31-48.	1-27. 29. 30.
	Batard Mont-Rachet .	9 73 00	1. 8. 9. 12-15. 19. 20. 23. 24. $25\frac{1}{2}$. 26. $28\frac{2}{3}$. $29\frac{1}{3}$. $30\frac{1}{3}$. 31. $33\frac{1}{5}$. $34\frac{1}{5}$. 36. 37.	2-7. 10. 11. 16. 17. 18. 21. 22. $25\frac{1}{2}$. 27. $28\frac{1}{3}$. $29\frac{2}{3}$. $30\frac{2}{3}$. $33\frac{4}{5}$. $34\frac{4}{5}$. 35. 38-42,	
C	Les Combettes. . . .	6 71 95	1-35.		
	Les Referts	13 19 20	. . . .	2. 36-54.	3-35.
	Les Levrons	61 60	. . . .	. . . .	16-20.
	Les Charmes.	3 47 90	. . . .	. . . .	1-26.

MEURSAULT.

Vignes en Vins fins, comprenant 313 hectares 56 ares 60 centiares.

SECTIONS cadastral	DÉSIGNATION DES CLIMATS OU LIEUX DITS.	CONTENANCE par CLIMATS	CLASSEMENT SUIVANT LE MÉRITE DES PRODUITS. 1re CLASSE 110 h. 19 a. 15 c.	2e CLASSE 100 h. 03 a. 55 c.	3e CLASSE 103 h. 33 a. 90 c.
		h. a. c.			
A	Les Caillerets	1 31 75	1-18.		
	Les Santenots-Blancs.	2 94 05	19-32.		
	Les Santenots-du-Milieu	7 99 60	33-55.		
	En Marcausse	1 42 50	. . . .	56. $57\frac{3}{4}$. $58\frac{1}{4}$. 59-61. $62\frac{1}{3}$. 63. 64. $66\frac{3}{4}$.	$57\frac{1}{4}$. $58\frac{3}{4}$. $62\frac{2}{3}$. $66\frac{1}{4}$.
	les Santenots-Dessous	7 51 45	. . . .	$71\frac{1}{3}$. $78\frac{1}{2}$. $79\frac{1}{2}$. $80\frac{1}{2}$. $81\frac{1}{2}$. 82. 83. 86.	67-70. $71\frac{2}{3}$. 72-77. $78\frac{1}{2}$. $79\frac{1}{2}$. $80\frac{1}{2}$. $81\frac{1}{2}$. 84. 85. 87-92.
	Les Vignes-Blanches.	2 99 55	. . . .	$127\frac{1}{2}$. $128\frac{1}{2}$.	119-126. $127\frac{1}{2}$. $128\frac{1}{2}$.

MEURSAULT.

(SUITE.)

SECTIONS cadastral	DÉSIGNATION DES CLIMATS OU LIEUX DITS.	CONTENANCE par CLIMATS.	CLASSEMENT SUIVANT LE MÉRITE DES PRODUITS. 1re CLASSE	2e CLASSE	3e CLASSE
		h. a. c.			
A	Les Criots	4 54 80	. . . .	129-151.	
	Les Peutes-Vignes . .	2 55 40	. . . .	152-165.	
	Les Pelures	10 94 50	166-197 bis		
	Les Cras.	4 72 75	198-217. 218 bis		
	Le Pré-de-Manche. .	3 77 05	. . . .	219-233.	
	Le Cromin.	9 29 15	. . . .	235.	234.
	La Barre-Dessus. . .	3 54 50	. . . .	236-238.	239-244.
	En-la-Barre	6 34 25	. . . .	. . . .	245-270.
	Les Perchots.	2 74 85	. . . .	274-288.	271-273.
	Les Corbins	8 76 30	. . . .	289-337.	
	Clos-des-Mouches . .	50 55	. . . .	338.	
	Les Durots.	5 24 65	. . . .	. . . .	399-418.
	Les Malpoiriers . . .	4 32 80	. . . .	. . . .	820 $\frac{1}{4}$. 821-850.
	Les Dressoles	4 74 80	. . . .	. . . .	851-871.
F	La Pièce-sous-le-Bois.	11 25 05	1-4.		
	La Jennelotte	4 81 05	5-14.		
	Sous-Blagny	2 20 50	15-36.		
	Sous-le-Dos-d'Ane . .	5 37 15	37-42.		
	Le Dos-d'Ane	2 85 50	47.		
	Les Perrières-Dessus.	1 81 20	55-62.		
	Les Perrières-Dessous	10 64 65	74-110.		
	Les Charmes-Dessus.	15 49 25	111-175.		
	Les Charmes-Dessous	12 16 70	176 $\frac{2}{3}$. 177. 178 $\frac{1}{2}$	176 $\frac{1}{3}$. 178 $\frac{1}{2}$.	222 $\frac{1}{3}$. 113 $\frac{1}{3}$.
			179 $\frac{1}{2}$. 180 $\frac{1}{3}$. 181	179 $\frac{1}{2}$. 180 $\frac{2}{3}$.	225. 226 $\frac{1}{2}$. 227 $\frac{1}{2}$
			182. 183. 184 $\frac{2}{3}$	184 $\frac{1}{3}$. 185. 186.	230 $\frac{1}{2}$. 231 $\frac{1}{2}$.
			187 $\frac{1}{3}$. 188. 189-	187 $\frac{2}{3}$. 191 $\frac{3}{4}$. 192	232 $\frac{1}{2}$. 233 $\frac{1}{2}$.
			190. 191 $\frac{1}{4}$. 193 $\frac{1}{2}$	193 $\frac{1}{2}$. 194 $\frac{1}{2}$.	234. 235 bis $\frac{1}{2}$.
			194 $\frac{1}{2}$. 195 $\frac{1}{2}$. 196	195 $\frac{1}{2}$. 198 $\frac{1}{2}$.	236 $\frac{1}{2}$. 237 $\frac{1}{3}$.
			197. 198 $\frac{1}{2}$. 200 $\frac{1}{2}$	199. 200 $\frac{1}{2}$. 201 $\frac{1}{2}$	238. 239. 240.
			201 $\frac{1}{2}$. 202 $\frac{1}{2}$.	202 $\frac{1}{2}$. 203 $\frac{1}{2}$.	243. 244. 245.
			203 $\frac{1}{2}$. 204 $\frac{1}{2}$.	204 $\frac{1}{2}$ 205-221.	
				222 $\frac{2}{3}$. 223 $\frac{2}{3}$.	
				224. 226 $\frac{1}{2}$.	
				227 $\frac{1}{2}$ 228. 229.	
				230 $\frac{1}{2}$. 231 $\frac{1}{2}$.	
				232 $\frac{1}{2}$. 233 $\frac{1}{2}$.	
				235. 235 bis $\frac{1}{2}$	
				236 $\frac{1}{2}$. 237 $\frac{2}{3}$.	
				241. 242.	
	Les Gruyaches. . . .	5 93 60	. . . .	. . . .	246-272.
	Les Genevrières-Dessous.	5 28 05	273-285.		

MEURSAULT.

(SUITE.)

SECTIONS cadastral	DÉSIGNATION DES CLIMATS OU LIEUX DITS.	CONTENANCE par CLIMATS, h. a. c.	CLASSEMENT SUIVANT LE MÉRITE DES PRODUITS. 1re CLASSE	2e CLASSE	3e CLASSE
F	Les Genevrières-Dessus	8 74 65	287-294. 299-312. 317-328.		
	Le Limosin	10 91 85	. . . .	329. 330. 331. $350\frac{2}{3}$. $351\frac{1}{3}$. $352\frac{1}{3}$. $353\frac{1}{3}$. $354\frac{1}{3}$. $355\frac{1}{3}$. $357\frac{1}{3}$. $358\frac{1}{3}$. $359\frac{1}{3}$. $360\frac{1}{3}$. 361-364. $368\frac{1}{2}$. $369\frac{1}{4}$.370.$371\frac{1}{2}$ $372\frac{1}{2}$. $373\frac{1}{2}$. $374\frac{1}{2}$. $375\frac{1}{2}$. $376\frac{1}{2}$ 377.$378\frac{1}{2}$. $379\frac{1}{2}$.$380\frac{1}{2}$.382 $383\frac{1}{2}$. 385.386. 387.$388\frac{1}{3}$.$390\frac{1}{3}$ $391\frac{1}{3}$. $392\frac{1}{3}$. $393\frac{1}{4}$.	332-349.$350\frac{1}{3}$. $351\frac{2}{3}$. $352\frac{2}{3}$. $353\frac{2}{3}$. $354\frac{2}{3}$. $355\frac{2}{3}$.356.$357\frac{2}{3}$ $358\frac{2}{3}$. $359\frac{2}{3}$. $360\frac{2}{3}$.365.366. 367.$368\frac{1}{2}$.$369\frac{3}{4}$ $371\frac{1}{2}$. $372\frac{1}{2}$. $373\frac{1}{2}$. $374\frac{1}{2}$. $375\frac{1}{2}$. $376\frac{1}{2}$. $378\frac{1}{2}$. $377\frac{1}{2}$. $380\frac{1}{2}$.381.$383\frac{1}{2}$ 384.$388\frac{2}{3}$. 389. $390\frac{2}{3}$. $391\frac{2}{3}$. $392\frac{2}{3}$. $393\frac{3}{4}$. 394.
	Le Buisson-Certaut. .	1 55 50	. . . .	. . . .	395-408.
	Le Porusot-Dessus. .	4 33 55	409-431. 438-443.		
	Le Porusot.	4 60 10	445-455.	456-461.	
	Le Porusot-Dessous .	1 79 85	. . . .	462-467.	
	Les Crotots.	4 58 45	. . . .	. . . .	468-484.
	Les Pelles-Dessous. .	10 66 80	. . . .	. . . .	485-564.
	Les Pelles-Dessus . .	1 50 75	. . . .	. . . .	565-570.
	Les Terres-Blanches .	2 06 70	. . . .	571-576.	
	Les Gouttes-d'Or. . .	5 59 40	. . . .	577-593.	
	Les Bouchères	4 23 80	594-619.		
	Les Casse-Têtes . . .	5 61 65	. . . .	. . . .	623-639.
H	Les Meix-Chavaux . .	10 37 70	. . . .	. . . .	157-209.
	Les Petits-Charrons .	3 92 50	. . . .	260-276.	
	Les Chevalières . . .	10 39 00	. . . .	277-308.	
	Les Rougeots.	3 17 20	. . . .	309-320.	
	Le Tesson	5 51 60	. . . .	321-346.	
	Les Grands-Charrons.	15 05 40	. . . .	347-407.	
	En Luraule	3 22 30	. . . .	408-419.	
	Clos de Mazerey. . .	3 16 00	. . . .	. . . .	448.
	Les Meix-Gagnes. . .	2 52 05	. . . .	. . . .	449-456.
I	Au Murger-de-Monthelie	7 19 65	. . . .	. . . .	38-75.
	Les Forges.	8 38 30	. . . .	. . . .	76-103.

AUXEY.

Vignes en vins fins, comprenant 42 hectares 02 ares 10 centiares.

SECTIONS cadastral	DÉSIGNATION DES CLIMATS OU LIEUX DITS.	CONTENANCE par CLIMATS.	CLASSEMENT SUIVANT LE MÉRITE DES PRODUITS. 1re CLASSE 00 h. 00 a. 00 c.	2e CLASSE 23 h. 17 a. 00 c.	3e CLASSE 18 h. 85 a. 10 c.
		h. a. c.			
A	Bas de Duresses . . .	2 38 30	. . . .	751-761.	
	Les Duresses.	7 87 70	. . . .	762-767. 771-779.	
	Reugne.	3 14 30	. . . .	780-795.	
	Les Breterins	2 00 35	. . . .	800. 801. 804. 807-812.	
	Les Grands-Champs .	4 84 45	. . . .	813-841.	
	Climat du Val	9 31 75	. . . .	. . . .	842-867.
	Derrière le Four . . .	6 38 60	. . . .	. . . .	1077-1104.
C	Les Ecussaux	6 42 65	. . . .	985-993. 996 $\frac{1}{2}$	977-984. 994.
				998. 1000.	995. 996 $\frac{1}{2}$. 997
				1002 $\frac{1}{2}$. 1003.	999. 1001.
				1004. 1005 $\frac{1}{2}$.	1002 $\frac{1}{2}$. 1005 $\frac{1}{2}$.
				1006 $\frac{1}{2}$. 1007 $\frac{1}{2}$.	1006 $\frac{1}{2}$. 1007 $\frac{1}{2}$.
				1008 $\frac{1}{2}$. 1009 $\frac{1}{2}$.	1008 $\frac{1}{2}$. 1009 $\frac{1}{2}$.
				1010 $\frac{1}{2}$. 1011 $\frac{1}{2}$.	1010 $\frac{1}{2}$. 1011 $\frac{1}{2}$.
				1012 $\frac{1}{2}$. 1013 $\frac{1}{2}$.	1012 $\frac{1}{2}$. 1013 $\frac{1}{2}$.
				1014 $\frac{1}{2}$. 1015 $\frac{1}{2}$.	1014 $\frac{1}{2}$. 1015 $\frac{1}{2}$.
				1016 $\frac{1}{2}$. 1017 $\frac{1}{2}$.	1016 $\frac{1}{2}$. 1017 $\frac{1}{2}$.
				1018 $\frac{1}{2}$.	1018 $\frac{1}{2}$.

MONTHELIE

Vignes en Vins fins, comprenant 96 hectares 17 ares 37 centiares.

SECTIONS cadastral	DÉSIGNATION DES CLIMATS OU LIEUX DITS.	CONTENANCE par CLIMATS.	CLASSEMENT SUIVANT LE MÉRITE DES PRODUITS. 1re CLASSE 12 h. 69 a. 85 c.	2e CLASSE 52 h. 96 a. 82 c.	3e CLASSE 30 h. 50 a. 70 c.
		h. a. c.			
A	Es-Riottes	73 90	. . . .	16-22.	
	Les Hauts-Brins . . .	10 13 10	. . . .	23-27. 85-94.	28-84. 95-128.
	En Pierre-Fitte. . . .	2 39 00	. . . .	. . . .	187-202.
	Les Barbières	1 23 00	. . . .	203-306. 307 $\frac{5}{6}$.	307 $\frac{1}{6}$. 308 $\frac{1}{5}$.
				308 $\frac{4}{5}$. 309 $\frac{3}{4}$.	309 $\frac{1}{4}$. 310 $\frac{1}{3}$.
				310 $\frac{2}{3}$. 311 $\frac{1}{3}$.	311 $\frac{1}{3}$.
	Le Clou-des-Chênes .	1 65 55	. . . .	312 $\frac{1}{3}$. 313 $\frac{1}{3}$.	312 $\frac{2}{3}$. 313 $\frac{2}{3}$.
				314 $\frac{1}{3}$. 315 $\frac{1}{4}$.	414 $\frac{2}{3}$. 315 $\frac{3}{4}$.
				316 $\frac{1}{4}$. 317 $\frac{1}{4}$.	316 $\frac{3}{4}$. 317 $\frac{3}{4}$.
				318 $\frac{1}{6}$.	318 $\frac{5}{6}$. 319-330.
	Sur la Velle	6 16 00	. . . .	231-274.	
	Le Meix-Bataille . . .	2 38 70	. . . .	275-286.	
	Les Vignes-Rondes. .	2 72 00	. . . .	287-303.	
	Le Cas-Rougeot . . .	56 50	304-308.		
	Les Champs-Fulliot .	8 73 25	309-393.		

MONTHÉLIE.

(SUITE.)

SECTIONS cadastral	DÉSIGNATION DES CLIMATS OU LIEUX DITS.	CONTENANCE par CLIMATS.	CLASSEMENT SUIVANT LE MÉRITE DES PRODUITS.		
		h. a. c.	1re CLASSE	2e CLASSE	3e CLASSE
A	La Taupine	1 59 55	394-410.		
	Le Clos-Gauthey	1 41 45	411.		
	Le Meix-Molnot	38 70	412-413.		
	Le Château-Gaillard	94 75	414-426.		
	Les Toisières	8 15 45	..,....	427-515.	
	Le Meix-Garnier	1 13 10		516-520.	
	Sous-le-Cellier	3 58 90	...,....	644-688.	
	Les Longennes	3 34 35			689-715.
B	Le Meix-Mipont	2 47 75		48. 49.	
	Les Crays	4 33 80		50-71. 85-97.	72-84.
	Les Jouères	1 89 00			198-221.
	Les Sous-Courts	3 20 05		287-318.	
	Les Duresses	10 34 95		$349\frac{1}{5}$. $320\frac{1}{5}$. $321\frac{1}{5}$. $322\frac{1}{5}$. 323-348. $349\frac{3}{5}$. $350\frac{2}{5}$. $351\frac{2}{5}$. $352\frac{2}{5}$. $353\frac{2}{5}$. $354\frac{1}{2}$. 355. 356. $367\frac{1}{2}$. $358\frac{1}{2}$. $359\frac{1}{2}$.	$319\frac{1}{5}$. $320\frac{1}{5}$. $321\frac{1}{5}$. $322\frac{1}{5}$. $349\frac{1}{5}$. $350\frac{1}{5}$. $351\frac{1}{5}$. $352\frac{1}{5}$. $353\frac{1}{5}$. $354\frac{1}{5}$. $357\frac{1}{2}$. $358\frac{1}{2}$. $359\frac{1}{2}$. 360-387.
	La Goulotte	1 98 40			388-406.
	Les Clous	4 54 92		$407\frac{1}{2}$. $408\frac{1}{2}$. $409\frac{1}{2}$. $410\frac{1}{2}$. $411\frac{1}{2}$. 412. $413\frac{1}{2}$. 414. $415\frac{1}{2}$. $416\frac{1}{2}$. $417\frac{1}{2}$. $418\frac{1}{2}$. $419\frac{1}{2}$. $420\frac{1}{2}$. $421\frac{1}{2}$. $422\frac{1}{2}$. $423\frac{1}{2}$. $424\frac{1}{2}$. $425\frac{1}{2}$. $426\frac{1}{2}$. $427\frac{1}{2}$. $428\frac{1}{2}$. $429\frac{1}{2}$. $430\frac{1}{2}$. $431\frac{1}{2}$.	$407\frac{1}{2}$. $408\frac{1}{2}$. $409\frac{1}{2}$. $410\frac{1}{2}$. $411\frac{1}{2}$. $413\frac{1}{2}$. $415\frac{1}{2}$. $416\frac{1}{2}$. $417\frac{1}{2}$. $418\frac{1}{2}$. $419\frac{1}{2}$. $420\frac{1}{2}$. $421\frac{1}{2}$. $422\frac{1}{2}$. $423\frac{1}{2}$. $424\frac{1}{2}$. $425\frac{1}{2}$. $426\frac{1}{2}$. $427\frac{1}{2}$. $428\frac{1}{2}$. $429\frac{1}{2}$. $430\frac{1}{2}$. $431\frac{1}{2}$.
	Aux Fournereaux	1 93 90		432-437.	438-459.
	Les Champs-Ronds	1 60 25			460-487.
	Les Rivaux	1 85 70		$488\frac{3}{5}$. $490\frac{3}{5}$. $491\frac{2}{5}$. $492\frac{2}{5}$. $493\frac{3}{5}$. $494\frac{4}{5}$. $495\frac{4}{5}$. $496\frac{3}{5}$. 505. $506\frac{3}{5}$. $507\frac{3}{5}$. $508\frac{1}{5}$. 509. 540.	$488\frac{1}{5}$. 489. $490\frac{1}{5}$. $491\frac{1}{5}$. $492\frac{1}{5}$. $493\frac{1}{5}$. $494\frac{1}{5}$. $495\frac{1}{5}$. $496\frac{1}{5}$. 497-504. $506\frac{1}{5}$. $507\frac{1}{5}$. $508\frac{1}{5}$.
	En Remagnien	1 74 50		521-540.	511-520.

VOLNAY.

Vignes en Vins fins, comprenant 213 hectares 66 ares 35 centiares.

DÉSIGNATION DES		CONTENANCE par CLIMATS.	CLASSEMENT SUIVANT LE MÉRITE DES PRODUITS.		
SECTIONS cadastral	CLIMATS OU LIEUX DITS.		1re CLASSE 91 h. 05 a. 80 c.	2e CLASSE 47 h. 20 a. 70 c.	3e CLASSE 75 h. 39 a. 85 c.
		h. a. c.			
B	Les Famines.	9 14 65	. . . .	. . . .	1-49.
	La Gigotte. . , . . ,	3 48 85	81. 82.	67-80.	50-66.
	Grands-Champs . . .	7 10 00	83.	84-98. 132$\frac{3}{4}$.	99-131. 132$\frac{1}{4}$
	Les Serpents.	1 69 55	. . . .	133-144.	
	Les Buttes.	1 97 20	. . , ...	. . . .	145-163.
	Les Petits-Poisots . .	3 44 60	. . . .	. . . .	164-172.
	Les Grands-Poisots .	12 95 10	. . . .	222$\frac{1}{3}$. 223-229. 232. 234$\frac{3}{4}$. 235$\frac{4}{5}$ 236$\frac{4}{5}$. 237-243.	173-221. 222$\frac{2}{3}$. 230. 231. 233. 234 $\frac{1}{4}$. 235 $\frac{1}{5}$. 236 $\frac{1}{5}$.
	Les Combes	1 80 80	. . . .	244-254.	
	Brouillards.	6 82 20	256. 257. 259$\frac{3}{4}$. 260 $\frac{3}{4}$. 262 $\frac{3}{4}$. 263$\frac{1}{2}$ 264-267.	255. 258. 259$\frac{1}{4}$. 260$\frac{1}{4}$. 261. 262$\frac{1}{4}$ 263$\frac{1}{2}$.	
	Les Mitans.	3 99 50	268-289.		
	En l'Ormeau.	4 34 35	290-308.		
	Les Angles.	3 46 30	309-328.		
	Pointes-d'Angle . . .	1 24 45	329-334.		
	Fremiet	6 50 50	335-358.		
	Pitures-Dessus. . . .	3 67 05	359. 362$\frac{1}{2}$. 363$\frac{1}{2}$ 364 $\frac{1}{2}$. 365 $\frac{1}{2}$. 366 $\frac{2}{3}$. 379 $\frac{1}{5}$. 380 $\frac{1}{2}$. 381 $\frac{1}{2}$.	360. 361. 262$\frac{1}{2}$. 363 $\frac{1}{2}$. 364 $\frac{1}{2}$. 365 $\frac{1}{2}$. 366 $\frac{1}{3}$. 367-376. 377$\frac{2}{3}$. 378. 379$\frac{4}{5}$. 380$\frac{1}{2}$ 381$\frac{1}{2}$. 382-385. 388.	377$\frac{1}{3}$. 386. 387.
	Chanlin . . . . , . . .	3 92 40	402 $\frac{1}{2}$. 403 $\frac{1}{2}$. 404 $\frac{1}{4}$. 406 $\frac{1}{4}$.	396-401. 402$\frac{1}{2}$. 403 $\frac{1}{2}$. 404 $\frac{3}{4}$- 405. 406$\frac{3}{4}$. 407.	389-395.
	Sur-Roches.	3 27 65	. . . . . . , . .	. . . .	408-438.
	En Vaut	4 53 80	. . . .	. . . .	439-481.
E	Cros-Martins.	2 63 50	. . . : . . , . .	. . . .	154-176.
	Les Petits-Gamets . .	2 97 90	. . . . . . , . .	. . . .	177-209.
	Les Paquiers.	3 03 25	. . . .	. . . .	210-240.
	Les Pluchots.	3 53 45	. . . .	253-276.	241-252.
	Carelles-Dessous : . .	2 12 80	277$\frac{1}{4}$. 278. 279. 280. 282$\frac{3}{4}$. 283$\frac{2}{3}$ 284 $\frac{2}{3}$. 285 $\frac{2}{3}$. 286 $\frac{2}{3}$. 287 $\frac{2}{3}$. 288 $\frac{2}{3}$. 289 $\frac{2}{3}$. 290 $\frac{2}{3}$. 291 $\frac{2}{3}$. 293-296.	277$\frac{3}{4}$. 281. 282$\frac{1}{4}$ 283 $\frac{1}{3}$. 284 $\frac{1}{3}$. 285 $\frac{1}{3}$. 286 $\frac{1}{3}$. 287 $\frac{1}{3}$. 288 $\frac{1}{3}$. 289 $\frac{1}{3}$. 290 $\frac{1}{3}$. 291 $\frac{1}{3}$. 292.	

VOLNAY.

(SUITE..)

SECTIONS cadastral	DÉSIGNATION DES CLIMATS OU LIEUX DITS.	CONTENANCE par CLIMATS.	CLASSEMENT SUIVANT LE MÉRITE DES PRODUITS.		
		h. a. c.	1re CLASSE	2e CLASSE	3e CLASSE
E	En Ronceret.	2 01 70	297-314.		
	Es-Échards.	5 57 00	. . . .	315-327. 328$\frac{4}{5}$. 329. 330-336. 337$\frac{4}{7}$.338.339$\frac{1}{5}$. 340 $\frac{1}{5}$. 341 $\frac{4}{5}$. 342 $\frac{2}{5}$. 344 $\frac{1}{5}$. 345-352. 353$\frac{3}{4}$. 354$\frac{1}{3}$.356.357. 459$\frac{1}{4}$.	328 $\frac{1}{5}$. 337 $\frac{1}{4}$. 339 $\frac{1}{5}$. 340 $\frac{1}{5}$. 341 $\frac{1}{5}$. 342 $\frac{1}{5}$. 343.344$\frac{1}{5}$.353$\frac{1}{4}$. 354$\frac{1}{4}$.355.358. 359$\frac{1}{4}$.
	Les Jouères	91 20	. . . .	. . . .	360-371.
	Les Aussy.	3 02 75	374$\frac{1}{4}$. 375 $\frac{1}{4}$. 376$\frac{1}{2}$.377-382.	372.373.374$\frac{3}{4}$. 375 $\frac{1}{2}$. 376 $\frac{1}{4}$.	
	Les Lurets.	8 40 60	383 $\frac{1}{3}$. 384 $\frac{1}{3}$. 386.387$\frac{1}{2}$.388$\frac{1}{2}$. 389.392$\frac{1}{2}$.399$\frac{1}{3}$. 400 $\frac{1}{3}$. 401 $\frac{1}{4}$. 402 $\frac{1}{5}$. 403 $\frac{1}{4}$. 404$\frac{1}{4}$.405.407$\frac{1}{2}$. 408.	383 $\frac{1}{5}$. 384 $\frac{1}{5}$. 385.387$\frac{1}{2}$.388$\frac{1}{2}$. 390.394.392$\frac{1}{2}$. 393$\frac{1}{4}$.394.398. 399 $\frac{1}{4}$. 400 $\frac{1}{4}$. 401 $\frac{1}{4}$. 402 $\frac{1}{4}$. 403 $\frac{1}{4}$. 404 $\frac{1}{4}$. 406.407$\frac{1}{2}$.409. 443-453.)	393$\frac{1}{4}$.395.396. 397.400$\frac{1}{4}$.401$\frac{1}{4}$. 402$\frac{1}{4}$.410-423. 434-442.
	Robardelle.	4 25 70	454-470.		
F	Carelle - sous-la-Cha-pelle.	3 76 10	1. 2. 5-24.		
	En Champans	11 34 90	25-50.		
	Eu Cailleret	2 69 85	51-55.		
	En Chevret.	6 06 45	56-65.		
	Cailleret-Dessus . . ,	11 72 80	66-114.		
	Clos-des-Chènes . . .	16 27 40	115-129.	130$\frac{3}{4}$.131-169.	130$\frac{1}{4}$.
	Es-Blanches	3 33 90	. . . .	. . . .	170-187.
	Beauregard.	1 15 80	. . . .	. . . .	188-204.
	Taille-Pieds	7 28 85	248-230.	206$\frac{1}{3}$.207.208. 209. 210 $\frac{4}{5}$. 211-247.	205.206$\frac{1}{3}$.210$\frac{1}{3}$
	En Verseuil	79 45	231-237.		
H	Village-de-Volnay . .	13 01 60	32. 33. 55. 61. 64. 70. 171. 175.	1. 2. 7. 31. 234. 289. 240.	188 bis. 189. 192.
	La Barre.	1 29 60	62.		
	Bousse-d'Or	1 96 85	63.		
	Lassolle	98 25	. . . .	249-253.	254-264.
	La Cave	6 11 85	. . . .		265-314.
	La Bouchère.	2 56 85	. . . .		315-342.
	Paux-Bois	1 37 05	. . . .		343-361.

POMMARD.

Vignes en Vins fins, comprenant 342 hectares 61 ares 85 centiares.

SECTIONS cadastral	DÉSIGNATION DES CLIMATS OU LIEUX DITS.	CONTENANCE par CLIMATS.	CLASSEMENT SUIVANT LE MÉRITE DES PRODUITS.		
			1re CLASSE 113h.18a 40c.	2e CLASSE 114h.59a.00c.	3e CLASSE 102h.28a.60c.
		h. a. c.			
A	Plante-aux Chèvres .	1 86 80	. . . .	. . . .	671-694.
	La Chanière.	10 00 15	722-741.	742-749.	750-778.
	Les Bœufs.	14 92 40	. . . . . .	. . . . . .	779-868.
	Les Vignots	15 44 25	. . . . .	936-950. 958-964.	905-935. 951-957. 965-1002
	La Platière.	5 80 30	1009$\frac{1}{2}$. 1010-1043. 114$\frac{3}{4}$. 1018-1023.	1003 -- 1008. 1009$\frac{3}{4}$. 1014$\frac{1}{2}$. 1045. 1046. 1017.	1016.
	Les Arvelets.	8 47 20	1024-1048.		
	Es Charmots.	5 75 85	1049-1103.		
	Les Petits-Noisons. .	13 57 80	. . . .	1104 -- 1112. 1113$\frac{3}{4}$. 1114- 1118. 1119$\frac{1}{4}$. 1120 -- 1125. 1131 -- 1135. 1170$\frac{1}{2}$. 1174$\frac{1}{2}$. 1172$\frac{3}{4}$. 1175-1192.	1113$\frac{1}{4}$. 1126-1130. 1136-1169. 1170$\frac{1}{8}$. 1171$\frac{1}{2}$. 1172$\frac{1}{2}$. 1173. 1174.
	Es Noizous	9 10 65	. . . .	1193-1229.	
	En Breseuil	5 30 70	. . . .		1252-1260.
	Le Bas de-Sausilles. .	4 24 90	. . . .	1270-1285.	1261-1269.
B	Les Charmots	3 60 15	1-29.		
	Les Argillières. . . .	3 65 30	30-39.		
	Les Pézerolles. . . .	6 45 55	40-75.		
	Les Sausilles.	3 80 70	76-89.		
	Les Boucherottes . .	1 65 85	90-104.		
	Les Petits-Epenots. .	20 27 25	105-152.	153-157.	
	Les Perrières	8 64 75	. . . .	158-188.	
	Les Lavières.	4 38 05	. . . . . .	189-219.	
	Les Riottes.	3 96 85	. . . . . .	220-231.	
	Les Tavannes	3 67 85	. . . . .	232-253.	
	La Croix-Blanche. . .	3 22 05	. . . . . .	254-271.	
	Les Epenots.	10 36 85	272-307.		
E	La Croix Planet . . ,	3 73 00	. . . .	. . . .	1-27.
	Le Poisot.	3 30 40	. . . .	. . . . . .	28-67.
	Les Cras.	11 18 10	. . . . . .	68-122.	
	Le Clos-Micot	2 70 90	123-428.		
	Les Combes-Dessous.	3 98 00	. . . . . .	129-146. 150-159.	147-148. 149
	Les Combes-Dessus .	2 79 15	160 -- 161 $\frac{6}{10}$. 162 $\frac{4}{5}$. 163 $\frac{3}{5}$. 164 $\frac{1}{5}$. 165 $\frac{1}{5}$.	162 $\frac{1}{5}$. 163 $\frac{1}{5}$. 164 $\frac{1}{5}$. 165 $\frac{1}{5}$. 166 $\frac{1}{5}$. 167 $\frac{1}{5}$.	

POMMARD.

(SUITE.)

SECTIONS cadastral	DÉSIGNATION DES CLIMATS OU LIEUX DITS.	CONTENANCE par CLIMATS,	CLASSEMENT SUIVANT LE MÉRITE DES PRODUITS.		
		h. a. c.	1re CLASSE	2e CLASSE	3e CLASSE
E	Les Combes-Dessus		$166\frac{4}{5}$. $167\frac{4}{5}$. $168\frac{2}{5}$. $169\frac{2}{5}$. $168\frac{3}{5}$. $169\frac{3}{5}$. $170\frac{2}{5}$. $171\frac{2}{5}$. $170\frac{3}{5}$. $171\frac{3}{5}$. $172\frac{2}{5}$. $173\frac{2}{5}$. $172\frac{2}{5}$. $173\frac{3}{5}$. $174\frac{2}{5}$. $175\frac{2}{5}$. $174\frac{3}{5}$. $175\frac{3}{5}$. $176\frac{1}{5}$. $177\frac{1}{5}$. $176\frac{4}{5}$. $177\frac{1}{5}$. 178. 179. 180. 181.		
	Les Fremiers	4 95 05	182-199.		
	Les Bertins	3 68 80	200-210.		
	Les Poutures	4 40 05	211-226.		
	Les Croix-Noires	1 25 30	236-245.		
	Les Chaponières	3 32 70	246-269.		
	Les Rugiens-Bas	5 85 15	270-295.		
	Les Jarollières	3 49 65	296-301.		
F	Les Chanlins-Bas	7 14 75	$1\frac{1}{5}$. $2\frac{1}{5}$. $3\frac{1}{5}$. $4\frac{1}{5}$. $5\frac{1}{5}$. 7. $8\frac{1}{5}$. 9. 10. $11\frac{1}{5}$. $12\frac{1}{5}$. 13. $14\frac{4}{5}$. 15-18. $19\frac{1}{5}$. $20\frac{3}{5}$. $21\frac{1}{5}$. $22\frac{1}{5}$. $23\frac{3}{5}$. $24\frac{1}{5}$. $25\frac{1}{4}$. $26\frac{1}{4}$.	$1\frac{3}{5}$. $2\frac{2}{5}$. $3\frac{3}{5}$. $4\frac{4}{5}$. $5\frac{3}{5}$. $8\frac{1}{5}$. $11\frac{1}{5}$. $12\frac{1}{5}$. $14\frac{4}{5}$. $19\frac{1}{5}$. $20\frac{1}{5}$. $21\frac{1}{5}$. $22\frac{1}{5}$. $23\frac{2}{5}$. $24\frac{3}{5}$. $25\frac{3}{4}$. $26\frac{3}{4}$. 27--30. $31\frac{1}{4}$. 33-56.	$2\frac{1}{5}$. $31\frac{1}{4}$. 32.
	Les Chanlins-Hauts	3 27 95	. . . .	. . . .	57-91.
	Les Lambots	2 76 65	. . . .	. . . .	92-117.
	Les Rugiens-Hauts	7 62 80	118-130. $131\frac{1}{4}$.	$131\frac{1}{4}$. 132-144.	
	les Vaumuriens-Hauts	11 71 60	. . . .	. . . .	142-255.
	Les Vaumuriens-Bas	6 60 25	. . . .	. . . .	286-362.
	La Combotte	3 75 75	. . . .	363-384.	
	En Moigelot	0 44 60	. . . .	385-388.	
	Trois-Follots	3 82 75	. . . .	389-408.	
	La Vache	8 74 45	. . . .	. . . , ...	409-468.
	En Mareau	5 23 00	. . . .	. . . . ,	657-690.
	En Chiveau	3 78 30	. . . .	. . . .	694-715.
G	Derrière-Saint-Jean	1 20 65	4-5. $6\frac{1}{5}$. 7.	$6\frac{1}{5}$. 8. 9. 10.	
	Village de Pommard	25 83 25	94.	100. 101. 115. 126. 237. 241. 501. $502\frac{2}{5}$. 505. 506. 571. 572.	$502\frac{1}{5}$.
	Clos Beaudes	1 49 30	. . . .	. . . .	446-451.
	Clos de la Commaraine	3 95 10	$455\frac{4}{5}$.	$455\frac{1}{5}$.	
	La Refène	2 46 95	$456\frac{3}{5}$. $457\frac{3}{4}$. 459-478.	$456\frac{1}{5}$. $457\frac{1}{5}$. 458.	
	Clos Blanc	4 27 65	479-500.		

POMMARD.
(SUITE.)

SECTIONS cadastral	DÉSIGNATION DES CLIMATS OU LIEUX DITS.	CONTENANCE par CLIMATS.	CLASSEMENT SUIVANT LE MÉRITE DES PRODUITS.		
			1re CLASSE	2e CLASSE	3e CLASSE
		h. a. c.			
G	Rue aux Porcs. . . .	8 79 35	. . . .	573-587. 599-619.	588-598. 620. 630.
	En Chaffaud.	1 12 40	. . . .	. . . .	631. 632.

BEAUNE.

Vignes en Vins fins, comprenant 533 hectares 11 ares 50 centiares.

SECTIONS cadastral	DÉSIGNATION DES CLIMATS OU LIEUX DITS.	CONTENANCE par CLIMATS.	CLASSEMENT SUIVANT LE MÉRITE DES PRODUITS.		
			1re CLASSE 269h.86a.90c.	2e CLASSE 119h.81a.45c.	3e CLASSE 143h.79a.15c.
		h. a. c.			
C 5	Champagne de Savigny.	87 50	. . . .		259-262.
	Blanche-Fleur	9 26 95	305.	289-304.	264-288.
	Clos du Roi..	13 90 05	306 $\frac{5}{8}$. 307 $\frac{1}{8}$.	306 $\frac{1}{8}$. 307 $\frac{1}{2}$.	320 $\frac{1}{4}$. 321 $\frac{1}{2}$.
			308 $\frac{2}{5}$. 309 $\frac{3}{5}$.	308 $\frac{1}{2}$. 309 $\frac{1}{2}$.	322 $\frac{1}{2}$. 325 $\frac{1}{2}$.
			313 $\frac{3}{5}$. 314 $\frac{3}{5}$.	310. 311. 312.	326 $\frac{1}{2}$. 331 $\frac{1}{2}$.
			315 $\frac{5}{5}$. 323 $\frac{1}{3}$.	313 $\frac{1}{2}$. 314 $\frac{1}{2}$.	332 $\frac{1}{2}$. 333 $\frac{1}{2}$.
			324 $\frac{1}{2}$. 327 $\frac{1}{2}$.	315 $\frac{1}{2}$. 316.	341 $\frac{1}{2}$. 342 $\frac{3}{4}$ bis.
			329. 330 $\frac{1}{2}$.	317. 318. 319.	343 $\frac{1}{2}$. 344 $\frac{1}{2}$.
			334 $\frac{1}{2}$. 336.	320 $\frac{2}{7}$. 321 $\frac{2}{3}$.	345 $\frac{1}{2}$. 346 $\frac{1}{2}$.
			337 $\frac{1}{2}$. 338 $\frac{1}{2}$.	322 $\frac{2}{3}$. 323 $\frac{1}{2}$.	347 $\frac{1}{2}$. 348 $\frac{1}{2}$.
			339 $\frac{1}{2}$. 355 $\frac{1}{3}$.	324 $\frac{1}{2}$. 325 $\frac{1}{2}$.	349 $\frac{2}{3}$. 350 $\frac{4}{5}$.
				326 $\frac{1}{2}$. 327 $\frac{1}{2}$.	351 $\frac{4}{5}$. 352 $\frac{4}{5}$.
				328. 330 $\frac{1}{2}$.	353. 354.
				331 $\frac{1}{2}$. 332 $\frac{1}{2}$.	
				333 $\frac{1}{2}$. 334 $\frac{1}{2}$.	
				335. 337 $\frac{1}{2}$.	
				338 $\frac{1}{2}$. 339 $\frac{2}{5}$.	
				340 -- 341 $\frac{1}{2}$.	
				342. 342 $\frac{1}{2}$ bis.	
				343 $\frac{1}{2}$. 344 $\frac{1}{2}$.	
				345 $\frac{1}{2}$. 346 $\frac{1}{2}$.	
				347 $\frac{1}{2}$. 348 $\frac{1}{2}$.	
				349 $\frac{1}{2}$. 350 $\frac{1}{2}$.	
				351 $\frac{1}{2}$. 352 $\frac{1}{2}$.	
				355 $\frac{1}{2}$. 356-360.	
	Les Chilènes.	17 04 25	361 $\frac{1}{2}$.	361 $\frac{2}{5}$. 362.	363 $\frac{1}{2}$. 364 $\frac{1}{2}$.
				363 $\frac{1}{2}$. 364 $\frac{1}{2}$.	365-409.
A 4	Les Marconnets . . .	10 48 65	1433-1451.		
	En l'Orme.	2 08 00	1460.		

BEAUNE.

(SUITE.)

SECTIONS cadastra.	DÉSIGNATION DES CLIMATS OU LIEUX DITS.	CONTENANCE par CLIMATS.	CLASSEMENT SUIVANT LE MÉRITE DES PRODUITS.		
			1re CLASSE	2e CLASSE	3e CLASSE
		h. a. c.			
A1	En Genet.	5 07 70	1161-1177.		
	Les Perrières.. . . .	3 24 85	1178-1184.		
	A l'Ecu	3 13 00	1185. 1188- 1204.		
	Les Cent-Vignes. . .	23 29 35	1205. 1206. 1207. 1208$\frac{1}{2}$. 1209$\frac{1}{4}$. 1210- 1214. 1217$\frac{2}{3}$. 1218 -- 1221. 1224 - 1226. 1228. 1266- 1293.	1208$\frac{1}{2}$. 1209$\frac{3}{4}$. 1215. 1216. 1217$\frac{1}{8}$. 1222. 1223. 1227. 1229-1265.	
	Les Fèves.	4 27 40	1294-1305.		
	Les Bressandes. . .	18 53 10	1306 -- 1316. 1321-1387.		
	Les Toussaints . . .	6 49 75	1388-1410.		
B2	Les Grèves.	31 77 95	180-248. 234- 272. 278 $\frac{9}{10}$. 279. 280.	249-233. 273- 277. 278 $\frac{1}{10}$. 278 bis.	
	Le Bas-des-Teurons .	7 22 85	285. 286. 287. 289-314.	281-284. 288.	
	Les Teurons.	15 53 35	315-345.		
	Sur les Grèves. . . .	4 58 95	346-356.		
	Aux Cras.	5 04 70	357-375.		
	Aux Coucherias . . .	22 62 45	376. 380-409.	. . . .	377. 378. 379. 410-432.
L1	Le Clos-de-la-Mousse	3 11 70	1-5.		
	Les Reversées. . . .	5 22 95	6-9. 10 $\frac{2}{3}$. 11. 12. 13.	10 $\frac{1}{3}$. 14-20.	
	Les Sceaux	8 96 00	. . . .	. . . .	21. 22. 25- 30. 32-40.
	Les Verrottes.. . . .	7 61 80	. . . .	. . . .	99-146.
	Les Paules.	2 75 90	. . . .	. . . .	147-155.
	Les Chardonnereux .	9 06 45	. . . .	. . . .	156-190.
	Les Pirotes	4 80 25	. . . .	. . . .	191-221 bis .
	Les Levées	1 07 15	. . . .	. . . .	222-227.
	Les Prévoles	16 44 20	. . . .	233$\frac{1}{2}$. 258$\frac{1}{2}$. 259$\frac{1}{4}$. 260$\frac{1}{4}$. 261$\frac{1}{2}$. 273. 274. 275$\frac{1}{2}$. 276$\frac{1}{2}$. 277$\frac{1}{4}$. 278$\frac{1}{2}$. 279$\frac{1}{4}$. 280$\frac{1}{2}$. 282$\frac{1}{2}$.	228-232. 233$\frac{1}{2}$ 234-257. 258$\frac{1}{2}$ 259 $\frac{3}{4}$ 260$\frac{3}{4}$ 261$\frac{3}{4}$. 262- 272. 275 $\frac{3}{4}$ 276 $\frac{3}{4}$. 277$\frac{3}{4}$. 278 $\frac{3}{4}$. 279$\frac{3}{4}$

BEAUNE.

(SUITE.)

SECTIONS cadastral	DÉSIGNATION DES CLIMATS OU LIEUX DITS.	CONTENANCE par CLIMATS.	CLASSEMENT SUIVANT LE MÉRITE DES PRODUITS. 1re CLASSE	2e CLASSE	3e CLASSE
		h. a. c.			
L[4]	Les Prévoles.	. . . .	. . . .	283 1/4. 293-	280. 280 1/2 bis.
				308.	281. 282 1/2.
					283 3/4. 284-
					292.
L	Les Bons-Feuvres. .	11 57 40	. . . .	309 2/3. 310.	309 1/3. 312 1/4.
				311. 312 3/4.	313 1/4. 314 1/4.
				313 3/4. 314 3/4.	315 1/4. 319 1/3.
				315 3/4. 316.	320 1/2, 321-
				317. 318.	331. 332 1/3.
				319 2/3. 320 1/2.	333 1/3. 334.
				332 2/3. 333 2/3.	335. 336.
				337 2/3 338 2/3.	337 1/3. 338 1/3.
				339 2/3. 340.	339 1/3. 342.
				341. 343 2/3.	343 1/3. 344.
				346-349. 355.	345. 350-354.
				356. 357.	358. 359 1/2.
				359 1/2. 360.	361. 362 1/2.
				362 1/2. 363 1/2.	363 1/2.
	Les Epenottes. . . .	13 63 55	382 --- 387.	364-367. 368 1/2.	368 1/2. 369 1/4.
			388 9/10. 389 9/10.	369 3/4. 870 3/4.	370 1/4. 371 1/4.
			390 9/10. 391 9/10.	371 3/4. 372 3/4.	372 1/4. 373.
			392 1/2. 392 bis.	274 2/3. 275 1/2.	374 1/2. 375 1/2.
			393. 394 2/3.	376 --- 381.	
			395 1/2. 396 1/3.	388 1/10. 389 1/10.	
				390 1/10. 391 1/10.	
				392 1/2. 394 1/3.	
				395 1/2. 396 2/3.	
	Les Beaux-Fougets. .	5 80 20	398.	397. 399-426.	
	Les Choicheux. . . .	5 14 35	439-444. 447.	427-438. 445.	
			448-	446 449. 450.	
	Les Boucherottes. . .	8 65 65	451 1/2. 452 1/2.	451 1/2. 452 1/2.	
			453 2/3. 454-	453 1/3.	
			470.		
	Les Vignes-Franches	9 94 20	471-499.		
	Le Clos-des-Mouches	24 84 35	500-598.		
	Les Aigrots	14 46 25	599-638.		
	Pertuisots.	5 56 15	639-654.		
	Les Sizies.	8 26 65	655-694.		
	Tièlandry.	1 76 45	695.		
	Les Tuvilains. . . .	9 15 25	. . . .	696-728.	
	Les Pointes-de-Tuvilain.	1 12 10		729-731.	
	Bélissand.	4 72 80		732-745.	

BEAUNE.

(SUITE.)

SECTIONS cadastral	DÉSIGNATION DES CLIMATS OU LIEUX DITS.	CONTENANCE par CLIMATS.	CLASSEMENT SUIVANT LE MÉRITE DES PRODUITS. 1re CLASSE	2e CLASSE	3e CLASSE
		h. a. c.			
L	Les Avaux.	13 37 90	752-787.	746-754 bis.	
	Les Seurey.	1 27 10	788-792.		
M	Chaume Gaufriot . .	19 29 65	234 $\frac{1}{2}$. 235.	207 --- 233. 234 $\frac{1}{2}$.	112-143. 146. 151. 152. 153.
	Montée-Rouge. . . .	16 61 30	243 $\frac{1}{2}$. 244-245 $\frac{2}{3}$. 246. 254. 261-264.	236 --- 239. 240$\frac{1}{2}$. 241. 242. 243 $\frac{1}{2}$. 245 $\frac{1}{3}$. 255. 256. 259.	240 $\frac{1}{2}$. 257. 258. 260. 265.
	Champs-Pimont . . .	16 60 25	266-286. 289-312. 314-322.		
	La Mignotte.	2 40 45	287-288.		
	Au Renard.	2 64 50	. . . .	313. 323.	324-340.
	Longbois.	4 28 90	. . . .	341. 342.	343-356.
	Les Longes. . , . . .	26 45	. . . . . . , . .	. . . .	358.
	Siserpe	12 53 90	. . . .	. . . .	388-452.
	Les Aigrots	8 04 50	453 $\frac{1}{2}$. 455 $\frac{1}{2}$.	453 $\frac{1}{2}$. 454. 455$\frac{1}{2}$. 456-477.	
	Montagne-St.-Désiré.	10 53 60	. . . .	478. 496-515 bis.	479-495. 516-523.
	Lulunne..	4 84 70	. . . .	. . . .	601-639.
	Les Montrevenots. .	9 06 40	665. 666. 672-676. 678-681.	640. 643-647. 651-664. 667-671. 677.	641. 642. 648 649. 650.
N	Faubourg de Bouze. .	3 21 00	. , ...	. . . .	45.
	La Creusotte	3 50 20	. . . .	46. 47.	48. 49, 50.
	Les Theurons	7 51 60	59. 61. 64 $\frac{1}{2}$. 65$\frac{1}{4}$. 66$\frac{1}{4}$. 67$\frac{1}{4}$. 68$\frac{1}{4}$. 69$\frac{1}{3}$. 70$\frac{1}{2}$. 71. 72. 73. 77. 78. 79.	51-58. 60. 62. 63. 64$\frac{1}{2}$. 65$\frac{3}{4}$. 66$\frac{3}{4}$ 67$\frac{3}{4}$. 68$\frac{3}{4}$. 69$\frac{2}{3}$. 70$\frac{1}{2}$. 74. 75 80.	
	La Blanchisserie; . .	2 15 95	. . . .	81$\frac{1}{2}$. 82-85.	81 $\frac{1}{2}$. 86-89.
	Le Foulot	2 06 70	. . . .	102 $\frac{1}{4}$.	102 $\frac{3}{4}$.
	Faubourg St.-Martin.	1 38 70	. . . .	180 $\frac{1}{3}$.	180 $\frac{2}{3}$:
	Les Mariages.. . . .	3 31 85	. . . .	834. 835 $\frac{1}{2}$. 836 $\frac{1}{2}$. 837 $\frac{1}{2}$. 838 $\frac{1}{2}$ 839 $\frac{1}{2}$. 840.	818-822. 829-833. 835 $\frac{1}{2}$. 835 $\frac{1}{2}$. 837 $\frac{1}{2}$. 838 $\frac{1}{2}$. 839 $\frac{1}{2}$.

SAVIGNY.

Vignes en Vins fins, comprenant 376 hectares 41 ares 15 centiares.

SECTIONS cadastrales.	DÉSIGNATION DES CLIMATS OU LIEUX DITS.	CONTENANCE par CLIMATS.	CLASSEMENT SUIVANT LE MÉRITE DES PRODUITS. 1re CLASSE 91 h. 93 a. 30 c.	2e CLASSE 116 h. 38 a. 45 c.	3e CLASSE 168 h. 09 a. 40 c.
		h. a. c.			
A	La Champagne. . . .	32 93 15	. . . .	. . . .	1-14.
	Les Planchots-de-la-Champagne. . . .	14 13 95	. . . .	. . . .	15-112.
	Les Bourgeots	7 77 85	. . . .	. . . .	113-151.
	Les Prévaux.	2 30 30	. . . .	. . . .	155. 156. 157. 161. 162. 169. 172. 177. 180. 186. 187. 190. 191. 194. 196.
	Les Planchots. . . .	10 50 80	. . . .	. . . .	198-272.
	Les Ralausses. . . .	4 70 80	. . . .	. . . .	173-297.
	Petits Picotins. . . .	11 76 90	. . . .	349-360.	298-348.
	Grands Picotins. . .	10 14 45	. . . .	361-371. 372 $\frac{2}{3}$. 375 $\frac{1}{3}$. 376 $\frac{1}{3}$. 377 $\frac{2}{3}$. 378 $\frac{2}{3}$. 379 $\frac{1}{2}$. 380 $\frac{1}{2}$.	372 $\frac{1}{3}$. 373. 374. 375 $\frac{2}{3}$. 376 $\frac{2}{3}$. 377 $\frac{1}{3}$. 378 $\frac{1}{3}$. 379 $\frac{1}{2}$. 380 $\frac{1}{2}$. 381-406.
	Les Pimentiers. . . .	16 49 75	. . . .	407-515.	
B	Aux Cloux.	15 61 75	24 $\frac{1}{10}$. 25 $\frac{1}{2}$. 26 $\frac{1}{2}$. 27-31.	1-23. 24 $\frac{9}{10}$. 25 $\frac{1}{2}$. 26 $\frac{1}{2}$.	
	Aux Serpentières . .	13 43 70	32 $\frac{1}{5}$. 33 $\frac{1}{5}$. 34 $\frac{1}{2}$. 35 $\frac{1}{2}$. 36 $\frac{1}{2}$. 37 $\frac{1}{2}$. 38 $\frac{1}{2}$. 39 $\frac{1}{2}$. 40. 41 $\frac{1}{3}$. 42 $\frac{1}{3}$. 43 $\frac{1}{3}$. 44 $\frac{1}{4}$. 47. 48 $\frac{1}{4}$. 49 $\frac{1}{4}$. 50 $\frac{1}{4}$.	32 $\frac{4}{5}$. 33 $\frac{4}{5}$. 34 $\frac{1}{2}$. 35 $\frac{1}{2}$. 36 $\frac{1}{2}$. 37 $\frac{1}{2}$. 38 $\frac{1}{2}$. 39 $\frac{1}{2}$. 41 $\frac{2}{3}$. 42 $\frac{2}{3}$. 43 $\frac{2}{3}$. 44 $\frac{3}{4}$. 45. 46. 48 $\frac{3}{4}$. 49 $\frac{3}{4}$. 50 $\frac{3}{4}$. 51-80.	
	Aux Pointes.	2 73 30	. . . .	81-95.	
	Aux Petits-Liards . .	5 81 05	. . . .	96-115.	
	Aux Grands-Liards .	6 59 80	. . . .	116-131.	
	Aux gravains	6 38 80	132-156.		
	Les Lavières.	18 51 25	158. 159 $\frac{2}{3}$. 160 $\frac{2}{3}$. 161 $\frac{3}{4}$. 163-213.	157. 159 $\frac{1}{3}$. 160 $\frac{1}{3}$. 161 $\frac{1}{4}$. 162.	
	Es Connardises . . .	10 77 55	. . . .	214-262.	
	Aux Fourches	7 66 20	. . . .	263-676.	299-298.
	Aux Champs-Chardons.	8 92 75	. . . .	. . . .	207-344.
	Aux Champs-des-Pruniers.	6 76 90	. . . .	. . . .	345-378.
	Aux Fournaux. . . .	15 77 60	406 $\frac{1}{4}$. 407 $\frac{1}{3}$. 408 $\frac{1}{3}$. 409 $\frac{1}{3}$.	401-405. 406 $\frac{1}{4}$. 407 $\frac{1}{3}$. 408 $\frac{1}{3}$.	400. 406 $\frac{1}{2}$. 407 $\frac{1}{3}$. 408 $\frac{1}{3}$.

SAVIGNY.

(SUITE.)

Section cadastral	DÉSIGNATION DES CLIMATS OU LIEUX DITS.	CONTENANCE par CLIMATS.	CLASSEMENT SUIVANT LE MÉRITE DES PRODUITS,		
		h. a. c.	1re CLASSE	2e CLASSE	3e CLASSE
B	Aux Fournaux. . . .		410 $\frac{1}{3}$. 411 $\frac{1}{2}$.	409 $\frac{1}{2}$. 410 $\frac{1}{3}$.	409 $\frac{1}{2}$. 410 $\frac{1}{3}$.
			414 $\frac{2}{3}$. 416 $\frac{1}{2}$.	411 $\frac{1}{3}$. 412 $\frac{1}{2}$.	411 $\frac{1}{2}$. 412 $\frac{1}{2}$.
			418 $\frac{1}{3}$. 419 $\frac{1}{2}$.	413 $\frac{1}{3}$. 414 $\frac{1}{3}$.	413 $\frac{1}{2}$. 414 $\frac{1}{2}$.
			420 $\frac{1}{2}$. 421 $\frac{1}{2}$.	415 $\frac{1}{3}$. 416 $\frac{1}{3}$.	415 $\frac{1}{2}$. 416 $\frac{1}{2}$.
			422 $\frac{1}{4}$. 423 $\frac{1}{2}$.	418 $\frac{1}{3}$. 419 $\frac{1}{3}$.	418 $\frac{1}{2}$. 419 $\frac{1}{2}$.
			424 $\frac{1}{4}$. 427 $\frac{1}{4}$.	420 $\frac{1}{3}$. 421 $\frac{1}{4}$.	420 $\frac{1}{2}$. 421 $\frac{1}{2}$.
			428 $\frac{1}{3}$. 430 $\frac{1}{3}$.	422 $\frac{1}{4}$. 423 $\frac{1}{4}$.	422 $\frac{1}{2}$. 423 $\frac{1}{2}$.
			431 $\frac{1}{3}$. 455 $\frac{5}{6}$.	424 $\frac{1}{4}$. 426.	424 $\frac{1}{2}$. 425.
			456-462.	427 $\frac{1}{4}$. 428 $\frac{1}{4}$.	427 $\frac{1}{3}$. 428 $\frac{1}{2}$.
				430 $\frac{2}{3}$. 431 $\frac{3}{4}$.	429. 429bis.
				433 $\frac{1}{2}$. 434 $\frac{1}{2}$.	432. 433 $\frac{1}{2}$.
				436 $\frac{1}{2}$. 437. 438.	434 $\frac{1}{2}$. 435
				442. 443. 447 $\frac{1}{2}$.	436 $\frac{1}{2}$. 439.
				449 $\frac{2}{3}$. 450. 454.	440. 441. 444.
				455 $\frac{1}{3}$.	445. 446
					447 $\frac{1}{2}$. 448.
					449 $\frac{1}{2}$. 451.
					452. 453.
	Basses-Vergelesses. .	1 68 35	463. 464.		
	Aux Vergelesses. . .	16 97 70	465. 466 $\frac{1}{2}$.	466 $\frac{2}{3}$. 467 $\frac{1}{3}$.	
			467 $\frac{2}{3}$. 468 $\frac{1}{2}$.	468 $\frac{1}{2}$. 469 $\frac{1}{3}$.	
			469 $\frac{2}{3}$. 470 $\frac{2}{3}$.	470 $\frac{1}{2}$. 471-476.	
			477 $\frac{2}{3}$. 478 $\frac{1}{3}$.	477 $\frac{1}{3}$. 478 $\frac{1}{3}$.	
			481. 482.	479. 480. 483 $\frac{1}{2}$.	
			483 $\frac{1}{3}$. 486.	484. 485. 487 $\frac{1}{2}$.	
			487 $\frac{1}{2}$. 488 $\frac{1}{2}$.	488 $\frac{1}{2}$. 489 $\frac{1}{2}$.	
			489 $\frac{1}{3}$. 490.	491. 494. 495 $\frac{1}{2}$.	
			495 $\frac{1}{2}$. 496.	497. 498 $\frac{1}{2}$.	
			498 $\frac{1}{2}$. 500 $\frac{1}{2}$.	499. 500 $\frac{1}{2}$.	
			503. 504. 505.	501. 502. 506.	
			509-512. 513.	507. 508. 513.	
			516. 519. 520.	514. 517. 518.	
			521 $\frac{1}{3}$. 522 $\frac{1}{2}$.	521 $\frac{1}{2}$. 522 $\frac{1}{2}$.	
			523 $\frac{1}{2}$. 524 $\frac{1}{2}$.	523 $\frac{1}{2}$. 524 $\frac{1}{2}$.	
			525. 530 $\frac{1}{2}$.	526-529. 530 $\frac{1}{2}$.	
			531. 532.		
	Les Talmettes. . . .	3 16 50	533. 534 $\frac{1}{2}$.	534 $\frac{1}{2}$. 536 $\frac{1}{3}$.	
			535. 536 $\frac{2}{3}$.	538 $\frac{1}{2}$. 539.	
			537. 538 $\frac{1}{2}$.	540. 541.	
			542 $\frac{1}{2}$. 543 $\frac{1}{2}$.	542 $\frac{1}{2}$. 543 $\frac{1}{2}$.	
			544 $\frac{1}{2}$. 545 $\frac{1}{2}$.	544 $\frac{1}{2}$. 545 $\frac{1}{2}$.	
			546 $\frac{1}{2}$.	546 $\frac{2}{3}$. 547.	
				554.	

SAVIGNY.

(SUITE.)

SECTIONS cadastral	DÉSIGNATION DES CLIMATS OU LIEUX DITS.	CONTENANCE par CLIMATS.	CLASSEMENT SUIVANT LE MÉRITE DES PRODUITS.		
			1re CLASSE	2e CLASSE	3e CLASSE
		h. a. c.			
B	Les Godeaux.	7 51 45	. . . . 555 $\frac{1}{2}$. 556 $\frac{1}{8}$. 557 $\frac{1}{4}$. 588 $\frac{1}{2}$.	555 $\frac{1}{2}$. 556 $\frac{2}{3}$. 557 $\frac{3}{4}$. 558- 577. 581-587. 588 $\frac{1}{2}$.	
	Petits Godeaux . . .	0 74 20	. . . . 589-594.		
	Les Charnières . . .	2 06 75	599 $\frac{1}{2}$. 600 $\frac{1}{8}$. 604 $\frac{1}{8}$. 602. 603. 604.	595-598. 599 $\frac{1}{2}$. 600 $\frac{2}{3}$. 601 $\frac{1}{2}$.	
	Roichottes.	2 29 35	. . . . 638-642.		632-637.
	Aux Guettes.	21 04 10	646-654. 658. 659. 660. 666- 675. 681. 682. 683. 686. 687. 688. 697. 698 $\frac{2}{3}$. 699- 723. 724 $\frac{1}{2}$. 725. 730-733. 735-740. 751- 758. 759 $\frac{1}{2}$. 762 $\frac{1}{3}$.	643. 644. 645. 655. 656. 657. 664-665. 676- 680. 684. 685. 689 -- 696. 698 $\frac{1}{2}$. 724 $\frac{1}{2}$. 726-729. 734. 741 --- 747. 759 $\frac{1}{2}$. 760. 761. 762 $\frac{2}{3}$.	748. 749. 750.
C	Guetottes	4 93 15	. . . .		444-458.
	Dessus de Montche- nevoy.	2 05 40	. . . .		459-466. 524. 525
	Bas de Montchenevoy	2 19 05	. . . .		526-546.
H	Aux Cruotes.	4 18 90	. . . .		19-26.
	Moulin-Moyne. . . .	0 57 30	. . . .		33. 34.
	Les Bas-Liards. . . .	6 20 75	. . . .		50-63. 64 $\frac{1}{3}$. 65 $\frac{2}{3}$. 66 $\frac{2}{3}$. 67 $\frac{2}{3}$. 68 $\frac{2}{3}$. 69 $\frac{2}{3}$. 70 $\frac{2}{3}$. 71 $\frac{2}{3}$. 72 $\frac{1}{2}$. 73 $\frac{1}{2}$. 74 $\frac{1}{3}$. 75 $\frac{1}{2}$. 76 $\frac{1}{2}$. 77 $\frac{1}{2}$. 78 $\frac{1}{2}$. 79 $\frac{1}{2}$. 80. 82. 83.
	Moutier-Amet	3 08 40	. . . .		98-113.
	Les Saucours.	7 43 55	. . . . 156-166.		123. 129-155.
	Les Rouvrettes. . . .	5 74 80	. . . . 167-204.		
	Les Narbantons. . .	10 20 70	205-229. 232 $\frac{1}{2}$. 233 $\frac{1}{2}$. 234. 235 $\frac{1}{5}$. 237 $\frac{1}{2}$. 238.	230. 231. 232 $\frac{1}{2}$. 233 $\frac{1}{2}$. 235 $\frac{2}{3}$. 237 $\frac{1}{2}$.	236.
	Les Peuillets.	22 93 75	239. 240 $\frac{1}{2}$. 244 $\frac{1}{2}$. 242 $\frac{1}{2}$.	240 $\frac{3}{8}$. 241 $\frac{2}{3}$. 242 $\frac{2}{3}$. 243 $\frac{1}{2}$.	257bis. 258 $\frac{1}{2}$. 259 $\frac{1}{2}$. 260 $\frac{1}{2}$.

SAVIGNY.

(SUITE.)

SECTIONS cadastral.	DÉSIGNATION DES CLIMATS OU LIEUX DITS.	CONTENANCE par CLIMATS.	CLASSEMENT SUIVANT LE MÉRITE DES PRODUITS. 1re CLASSE	2e CLASSE	3e CLASSE
		h. a. c.			
H	Les Peuillets.		243 1/2. 244 1/2.	244 1/2. 245 1/2.	261 1/3. 262 1/3.
			245 1/2. 246 1/2.	246 1/2. 255.	263 1/2. 264.
			247-254. 257 1/2.	256. 257 1/2.	265 1/3. 274 1/3.
			258 1/2. 265 1/3.	258 3/8. 259 2/3.	275 1/2. 276 1/2.
			266 2/3. 267 1/2.	260 2/3. 261 2/3.	277 1/2. 278 1/2.
			268 1/2. 269 1/2.	262 1/2. 263 1/2.	279 1/3. 284.
			270-273. 274 1/3.	265 1/3. 266 1/3.	285. 286 1/3.
			279 1/3. 280.	267 1/2. 268 1/2.	287 1/3. 288 1/3.
			298 2/3. 299 1/4.	269 1/2. 274 1/3.	289 2/3. 290 2/3.
			300 1/4. 314 1/3.	275 1/2. 276 1/2.	291 2/3 292 2/3.
			326. 327 1/2.	277 1/2. 278 1/2.	294 1/3. 302-
			328 1/2. 329 1/2.	279 1/3. 281.	312.
			330 1/2. 331 1/2.	282. 283.	
			332 1/2. 333 1/2.	286 2/3. 287 2/3.	
			334 1/4. 335 1/4.	288 2/3. 289 1/3.	
			336-344.	290 1/3. 291 1/3.	
				292 1/3. 293.	
				294 2/3. 295-	
				296. 297.	
				298 1/3. 299 3/4.	
				300 3/4 301.	
				313. 314 2/3.	
				315. -- 325.	
				327 1/2. 328 1/2.	
				329 1/2. 330 1/2.	
				331 1/2. 332 1/2.	
				333 1/2. 334 3/4.	
				335 3/4.	
	Bas-Marconnets . . .	2 82 15	345-353.		
	les Hauts-Marconnets	6 63 55	354-357. 358 3/4.	358 1/4. 359.	
			360. 361 2/3.	361 1/3. 369-	
			362-368.	373.	
	Hauts-Jarrons	6 14 40	392-398. 399 1/2.	375 -- 391.	
			400 1/3 401 1/3.	399 1/2. 400 2/3.	
			402 1/3.	401 2/3. 402 2/3.	
	Les Jarrons.	9 46 80	403-417.		
	Redrescut.	1 7 20	. . . .	418.	419-424.
	Les Galloises.	2 77 25	. . . .	. . . .	425-430. 481-506.

PERNAND.

Vignes en Vins fins, comprenant 70 hectares 79 ares 40 centiares.

SECTIONS cadastral	DÉSIGNATION DES CLIMATS OU LIEUX DITS.	CONTENANCE par CLIMATS.	CLASSEMENT SUIVANT LE MÉRITE DES PRODUITS. 1re CLASSE 25 h. 73 a. 40 c.	2e CLASSE 32 h. 99 a. 50 c.	3e CLASSE 39 h. 06 a. 50 c.
		h. a. c.			
B	En Caradeux	20 11 35	$69\frac{7}{8}$ $70\frac{1}{10}$ $144\frac{1}{6}$. $142\frac{1}{5}$. $144\frac{1}{8}$.	$69\frac{1}{8}$. $70\frac{9}{10}$. $71\frac{1}{2}$. $72\frac{1}{4}$. 73. 75-101. $129\frac{1}{8}$. $130\frac{1}{4}$. $131\frac{1}{3}$. $132\frac{1}{8}$. $133\frac{1}{2}$. 139. $141\frac{4}{6}$. $142\frac{4}{5}$. $144\frac{2}{3}$.	$71\frac{1}{2}$. $72\frac{3}{4}$. 74. 102 -- 128. $129\frac{7}{8}$. $130\frac{3}{4}$. $131\frac{7}{8}$. $132\frac{7}{8}$. $133\frac{1}{2}$. 134-138. 140. $141\frac{1}{6}$. 143. 145.
	Creux-de-la-Net . . .	5 00 40	146-149. $151\frac{1}{2}$. $152\frac{1}{2}$. $153\frac{2}{3}$.	150. $151\frac{1}{2}$. $152\frac{1}{2}$. $153\frac{1}{3}$. 154-160.	161-171.
	Ile-des-Vergelesses. .	9 34 25	172-207.		
	Les Basses-Vergelesses.	17 87 15	208 -- 218. $219\frac{9}{10}$. 220. $221\frac{1}{3}$. $222\frac{1}{3}$. $223\frac{1}{2}$. $226\frac{2}{3}$. $227\frac{3}{4}$. $228\frac{3}{4}$. 229-238. $239\frac{1}{2}$. $240\frac{3}{4}$. $241\frac{2}{3}$. $243\frac{1}{5}$. 244. 245. 246. $247\frac{1}{2}$. $248\frac{1}{2}$.	$219\frac{1}{10}$. $221\frac{2}{3}$. $222\frac{2}{3}$. $223\frac{1}{2}$. 224. 225. $226\frac{1}{8}$. $227\frac{1}{4}$. $228\frac{1}{4}$. $239\frac{1}{2}$. $240\frac{1}{4}$. $241\frac{1}{3}$. 242. $243\frac{4}{5}$. $247\frac{1}{2}$. $248\frac{1}{2}$. 249-265.	
	Les Boutières.	13 06 00	. . . .	. . . .	266-335.
	Les Fichots.	11 14 45	353. 354. $858\frac{1}{2}$. 359. 360. $361\frac{1}{2}$. $362\frac{1}{2}$. $363\frac{3}{8}$. $364\frac{2}{3}$. $365\frac{3}{8}$. $366\frac{1}{2}$. $367\frac{5}{8}$. $368\frac{7}{8}$. 369-375. $388\frac{1}{4}$. $389\frac{1}{4}$. $390\frac{1}{4}$.	336-352. 355. 356. 357. $358\frac{1}{2}$ $561\frac{1}{2}$. $362\frac{1}{2}$ $363\frac{1}{3}$. $364\frac{1}{8}$. $365\frac{1}{3}$. $366\frac{1}{2}$. $367\frac{1}{3}$. $368\frac{1}{3}$. 376-387. $388\frac{3}{4}$. $389\frac{3}{4}$. $390\frac{1}{8}$. 391-408.	
	En Charlemagne. . .	49 70 00	. . . .	409-427. 430. $479\frac{1}{3}$ $480\frac{1}{6}$ 481. 482. 482bis $\frac{1}{2}$.	428. 429. 431-488. $479\frac{2}{3}$. $480\frac{5}{6}$. 482bis $\frac{1}{2}$. 483-530.
C	Sous-le-Bois-de-Noël.	1 55 80	. . . .	1-9.	10-21.

ALOXE.

Vignes en Vins fins, comprenant 199 hectares 97 ares 40 centiares.

SECTIONS cadastrales	CLIMATS OU LIEUX DITS.	CONTENANCE par CLIMATS.	CLASSEMENT SUIVANT LE MÉRITE DES PRODUITS.		
			1re CLASSE 91 h. 82 a 55 c.	2e CLASSE 36 h. 45 a. 95 c.	3e CLASSE 71 h. 68 a. 90 c
		h. a. c			
A	Le Corton.....	11 30 15	$32\frac{1}{2}$.	$32\frac{1}{4}$. 35. 36.	1-27. $32\frac{1}{3}$.
	Le Clos du Roi...	10 50 60	37-63.		
	Les Renardes....	15 06 15	64-100. $101\frac{1}{2}$. 110-132. $133\frac{3}{4}$. $134\frac{1}{5}$. 138. 143. 144.	$101\frac{1}{5}$. 102-109. $133\frac{1}{3}$. $134\frac{1}{2}$. 135. 136 137. 139-142.	
	Les Bressandes...	17 06 30	145-233.		
B	Les Maréchaudes..	6 69 45	$2\frac{1}{4}$. 3-9. $10\frac{1}{3}$. 16-23. $24\frac{1}{2}$. $25\frac{1}{4}$. $26\frac{3}{4}$. 27. 28. $29\frac{1}{2}$. $30\frac{3}{4}$. $31\frac{1}{2}$. 35-42.	1. $2\frac{3}{4}$. $10\frac{1}{2}$. 11-15. $24\frac{1}{4}$. $25\frac{1}{2}$. $26\frac{1}{3}$. $29\frac{3}{4}$. $30\frac{1}{4}$. $31\frac{1}{4}$. 32. 33. 34.	
	En Pauland....	2 65 90	43-48.	49. 52.	
	Les Valozières....	6 34 70		93. 96. 98-106. 118-136.	
	Les Fournières...	6 35 40		280. 234.	
	Les Chaillots....	3 44 20		335-352.	
C	Les Meix.......	1 56 60		4. 5.	
	Boulmeau......	1 66 95		7. 23. 35.	
	Les Caillettes....	6 88 40			40-111.
	Les Cras......	9 19 80			112-162.
	La Boulotte.....	1 92 95		163-172.	
	Les Brunettes....	2 40 85		173-176.	
	Les Cras-Poussnets.	7 91 05			177-221.
	Les Citernes.....	7 45 05			255-274. 301-345.
	Les Genèvrières..	1 15 55		275-279.	
	Les Planchots....	1 35 50		290-297.	
	Suchat.......	76 90		300.	
D	Les Chaumes....	2 37 06	1-7.		
	La Vigne au Saint.	2 30 50	8-30.		
	Le Meix-Lallemand.	63 00	31.		
	Les Meix.....	1 97 60	42-45.		
	Les Combes....	8 67 50	53-59. 61. 62. 63.	89.	46-52. 60. 64-88. 90. 91.
	La Toppe.Martenot.	1 69 00			94-101.
	Les Guérets....	2 64 80		102-123.	
	Les Vercots....	4 30 70		124. 125.	
	La Sallière.....	41 10		126.	
	Les Petits-Vercots..	75 85		127-130.	
E	Le Charlemagne...	16 86 80	1-5. $6\frac{4}{5}$. 48. $34\frac{7}{10}$.	$6\frac{1}{5}$. 13. 14. 17. 19. 22. 23. 26. 28.	7-12. 15. 16. 20. 21. 24. 25. 27. 29.

ALOXE.

(SUITE.)

SECTIONS Cadas.ral	DÉSIGNATION DES CLIMATS OU LIEUX DITS.	CONTENANCE par CLIMATS.	CLASSEMENT SUIVANT LE MÉRITE DES PRODUITS.		
			1re CLASSE	2e CLASSE	3e CLASSE
		h. a. c.			
E	Le Charlemagne. . .	. . . . . , . .	30. 31. $34\frac{1}{10}$.	32. 33.	
	Les Pougets.	9 94 65	35. 40-50.		36-39. 51.
	Les Languettes . . .	7 35 15	58 - 61. 65.	52 - 57. 62.	
			68-72.	63. 64. 66.	
				67.	
	Les Grèves.	1 84 10	73-83.		
	Les Perrières.	10 88 70	84-118.		
	Les Piètres.	4 32 95	119-129.		
	Les Chaumes de la Voierosse.	4 25 50	170-192.		

SERRIGNY.

Vignes en Vins fins, comprenant 25 hectares 99 ares 80 centiares.

SECTIONS Cadas.ral	DÉSIGNATION DES CLIMATS OU LIEUX DITS.	CONTENANCE par CLIMATS.	CLASSEMENT SUIVANT LE MÉRITE DES PRODUITS.		
			1re CLASSE 10 h. 29 a. 40 c.	2e CLASSE 10h.31 a. 20 c.	3e CLASSE 5 h. 39 a. 20 c.
		h. a. c.			
A	Le Clou-d'Orge . . .	1 88 55	. . . .	. . . .	594-595.
	La Corvée.	2 03 40	. . . .	. . . .	624-626.
J	La Maréchaude . . .	1 73 20	. . . .	1-17.	
	La Toppe au Vert. . .	1 92 90	. . . .	394-407.	
	Les Vergennes. . . .	1 43 30	408. 409.		
	La Coutière..	2 56 25	. . . .	410-424.	
	Les Grandes-Lolières	2 93 20	. . . .	425-459.	
	Les Petites-Lolières .	4 23 50	. . . .	460. 461. 464.	
				465. 468. 469.	
				472. 473. 476-	
				479. 481. 482.	
				183.	
	Le Roguet et Corton.	9 19 50	564-577 $579\frac{1}{2}$.	$579\frac{1}{4}$. $584\frac{1}{2}$.	587-594.
			580. 583.		
			$584\frac{3}{4}$.		
	Basses Mourottes. .	1 06 00	. . . .	. . . .	720. 721.

PRISSEY.

Vignes en Vins fins, comprenant 5 hectares 1 ares 25 centiares.

SECTIONS cadastral	DÉSIGNATION DES CLIMATS OU LIEUX DITS.	CONTENANCE par CLIMATS.	CLASSEMENT SUIVANT LE MÉRITE DES PRODUITS. 1re CLASSE	2e CLASSE 5 h. 01 a. 25 c.	3e CLASSE
		h. a. c.			
A	Au Leurey.	5 01 25	. . . .	170 -- 179. 181.	

PRÉMEAUX.

Vignes en vins fins, comprenant 56 hectares 58 ares 35 centiares.

SECTIONS cadastral	DÉSIGNATION DES CLIMATS OU LIEUX DITS.	CONTENANCE par CLIMATS.	CLASSEMENT SUIVANT LE MÉRITE DES PRODUITS. 1re CLASSE 33 h. 58 a. 15 c.	2e CLASSE 19 h. 55 a. 10 c.	3e CLASSE 3 h. 45 a. 10 c.
		h. a. c.			
B	Plantes-au-Baron . .	2 67 60	. . . .	1-29.	
	Les Petits-Plets. . .	2 04 00	. . . .	30-39.	
	Les Forêts.	5 02 95	40-44.		
	Les Didiers.	2 84 00	45-62.		
	Aux Perdrix.	3 36 80	109-133.		
	Aux Corvées.	7 83 50	134-182.		
	Les Argillières. . . .	4 57 60	183-186. 191-205. 207. 208.		
	Clos Arlots	7 36 45	213. 217-225 bis.		
	Clos des Fourches. .	9 80 00	206 $\frac{1}{4}$ 208 $\frac{1}{3}$.	206 $\frac{3}{4}$. 208 $\frac{1}{3}$.	208 $\frac{1}{3}$.
	Les Grandes-Vignes.	3 90 75	. . . .	481-495.	
	Les Charbonnières. .	4 92 01	. . . .	496-521	
	Les Topons	2 22 70	. . . .	522-538.	

NUITS.

Vignes en Vins fins, comprenant 245 hectares 73 ares 95 centiares.

SECTIONS cadastral	DÉSIGNATION DES CLIMATS OU LIEUX DITS.	CONTENANCE par CLIMATS.	CLASSEMENT SUIVANT LE MÉRITE DES PRODUITS. 1re CLASSE 68 h. 36 a. 95 c.	2e CLASSE 81 h. 53 a. 00 c.	3e CLASSE 95 h. 84 a. 00 c.
		h. a. c.			
A	Aux Damodes	13 14 80	. . . .	83-282.	8-52. 54-82.
	Aux Boudots.	6 39 70	283-342.		
	Aux Cras.	3 12 25	343-382.		
	La Richemone. . . .	2 24 00	383-395.		
	Aux Chaignots. . . .	5 59 60	396 -- 415. 416 $\frac{1}{2}$. 422 $\frac{1}{3}$. 429-432.	416 $\frac{1}{2}$. 417-421. 422 $\frac{2}{3}$. 423-428.	
	En la Ferrière-Noblet	2 20 15	. . . .	433-435. 440.	436-439. 441-457.
	Aux Champs-Perdrix.	2 12 70	. . . .	474-482.	458-473.

NUITS.

(SUITE.)

SECTIONS cadastral	DÉSIGNATION DES CLIMATS OU LIEUX DITS.	CONTENANCE par CLIMATS.	CLASSEMENT SUIVANT LE MÉRITE DES PRODUITS.		
		h. a. c.	1re CLASSE	2e CLASSE	3e CLASSE
A	Aux Torey	6 20 95	. . . . . .	491-547.	483-490.
	Aux Argillats	2 56 95	. . . . . .	548-570.	
	Aux Bousselots	4 52 85	. . . . . .	571-618.	
	La Charmotte	5 47 15	. . . . . .		619-657.
	La Petite-Charmotte	4 28 75	. . . . . .		658-698 bis.
	Aux Allots	8 17 90	. . . . . .	$746\frac{1}{2}$. $748\frac{1}{2}$. $749\frac{1}{2}$. $750\frac{1}{2}$. $751\frac{1}{2}$. 768-778.	699 -- 745. $746\frac{3}{2}$. 747. $748\frac{3}{2}$. $749\frac{3}{2}$. $750\frac{1}{2}$. $751\frac{1}{2}$. 752-767. 779-793.
	Aux Vignerondes	3 39 45	. . . . . .	794-821.	
	Aux Murgers	5 03 75	822-854.		
	Aux Lavières	6 17 80	. . . . . .	855-922.	
	Aux Barrières	2 51 20	. . . . . .	923-951.	
	Au Bas-de-Combe	5 59 75	. . . . . .	952-980.	
	Aux Saints-Jacques	5 08 45	. . . . . .		981-1087.
	Au Chouillet	2 51 00	. . . . . .		1088-1114.
	Aux Saints-Juliens	5 78 65	. . . . . .		1115-1205.
	Aux Tuyaux	1 59 30	. . . . . .		1423 -- 1438. $1439\frac{1}{2}$. $1440\frac{1}{2}$. $1445\frac{1}{2}$. $1446\frac{1}{2}$. 1455 -- 1459. $1460\frac{1}{2}$. $1461\frac{1}{2}$. $1462\frac{1}{2}$. $1463\frac{1}{2}$. 1464. $1465\frac{1}{2}$. $1467\frac{1}{2}$. $1468\frac{1}{2}$. $1469\frac{1}{2}$. $1470\frac{1}{2}$. $1473\frac{1}{2}$. $1474\frac{1}{2}$. $1475\frac{1}{2}$. $1476\frac{1}{2}$. $1478\frac{1}{2}$. $1479\frac{1}{2}$. $1480\frac{1}{2}$. $1481\frac{1}{2}$. $1482\frac{1}{2}$. $1483\frac{1}{2}$. $1484\frac{1}{2}$. $1485\frac{1}{2}$. $1487\frac{1}{2}$. $1488\frac{1}{2}$. $1489\frac{1}{2}$. $1490\frac{1}{2}$. $1491\frac{1}{2}$. $1492\frac{1}{2}$.
E	Aux Crots	8 56 30	. . . . . .	37 bis. 45. 48-59. 66. 113-116.	1-37. 38-44. 46. 47. 60-65. 67-111.
	Les Procès	4 88 45	117-125.		
	Rue de Chaux	3 11 05	126-151.	152-157.	158-162.
	Tribourg	4 36 75	. . . . . .	$234\frac{1}{2}$. 237-	223 -- 230.

NUITS.

(SUITE.)

SECTIONS cadastral	DÉSIGNATION DES CLIMATS OU LIEUX DITS.	CONTENANCE par CLIMATS	CLASSEMENT SUIVANT LE MÉRITE DES PRODUITS.		
		h. a. c.	1re CLASSE	2e CLASSE	3e CLASSE
E	Tribourg			239. 240 $\frac{1}{3}$.	231 $\frac{1}{2}$. 232-
				241 $\frac{1}{2}$. 243.	236. 240 $\frac{1}{3}$.
				244. 247.	241 $\frac{1}{2}$. 242.
				248. 249.	245. 246.
				250 $\frac{1}{2}$. 251 $\frac{1}{2}$	250 $\frac{1}{2}$. 251 $\frac{1}{2}$
				252 $\frac{2}{3}$. 253 $\frac{2}{3}$	252 $\frac{1}{2}$. 253 $\frac{1}{2}$
				254 $\frac{2}{3}$. 255 $\frac{2}{3}$	254 $\frac{1}{2}$. 255 $\frac{1}{2}$
				258. 259.	256. 257. 260-
				293. 294.	278. 282-292.
	Belle-Croix	4 64 45		295 -- 299.	300 -- 325.
				326 $\frac{1}{2}$. 327 $\frac{1}{2}$	326 $\frac{1}{2}$. 327 $\frac{1}{2}$
				329. 330 $\frac{1}{2}$	328. 330 $\frac{1}{2}$
				331 $\frac{1}{2}$. 332 $\frac{1}{2}$	331 $\frac{1}{4}$. 332 $\frac{1}{2}$
				333 $\frac{1}{2}$. 335.	333 $\frac{1}{2}$. 334.
				336 $\frac{1}{2}$. 337 $\frac{1}{2}$	336 $\frac{1}{2}$. 337 $\frac{1}{2}$
				338. 339.	340. 341.
				342 $\frac{1}{2}$. 343 $\frac{1}{2}$	342 $\frac{1}{2}$. 343 $\frac{1}{2}$
				344 $\frac{1}{2}$. 345 $\frac{1}{2}$	344 $\frac{1}{2}$. 345 $\frac{1}{2}$
				346 $\frac{1}{2}$.	346 $\frac{1}{2}$. 347-
					366.
	Les Fleurières	4 13 25		398 $\frac{1}{2}$. 399 $\frac{1}{2}$	367 -- 397.
				400 $\frac{1}{2}$. 401 $\frac{1}{2}$	398 $\frac{5}{6}$. 399 $\frac{5}{6}$
				402 $\frac{1}{2}$. 403 $\frac{1}{2}$	400 $\frac{5}{6}$. 401 $\frac{5}{6}$
				404 $\frac{1}{2}$. 407 $\frac{1}{2}$	402 $\frac{5}{6}$. 403 $\frac{5}{6}$
				409 -- 413.	404 $\frac{1}{2}$. 405.
				435-444.	406. 407 $\frac{1}{2}$.
					414-434.
	Les Pruliers	7 09 95	442-465.		
	Les Hauts-Pruliers.	4 51 75		466-473. 534-539.	474-533. 540-572.
	Roncière	2 17 60	573-584.		
	La Maladière	2 32 00		585. 586.	587 $\frac{1}{2}$. 588 $\frac{2}{3}$.
				587 $\frac{2}{3}$. 588 $\frac{1}{2}$.	589 $\frac{2}{3}$. 590 $\frac{1}{2}$.
				589 $\frac{1}{4}$. 590 $\frac{1}{8}$.	591 $\frac{1}{2}$. 592 $\frac{1}{2}$.
				591 $\frac{1}{2}$. 592 $\frac{1}{2}$.	593 $\frac{2}{3}$. 594-
				593 $\frac{1}{2}$.	606.
	Les Brulées	3 95 70		607 $\frac{1}{2}$. 608 $\frac{1}{2}$.	607 $\frac{2}{3}$. 608 $\frac{1}{2}$.
				611 $\frac{1}{2}$. 612 $\frac{1}{2}$.	609. 610.
				613 $\frac{1}{4}$. 614 $\frac{1}{2}$.	610bis. 611 $\frac{1}{2}$.
				615 $\frac{1}{2}$. 617 $\frac{1}{2}$.	612 $\frac{2}{3}$. 613 $\frac{3}{4}$.
				618 $\frac{1}{2}$. 619 $\frac{1}{2}$.	614 $\frac{2}{3}$. 615 $\frac{1}{2}$.
				620 $\frac{1}{4}$. 621 $\frac{1}{4}$.	616. 617 $\frac{2}{3}$.
				622 $\frac{1}{7}$. 623 $\frac{1}{4}$.	618 $\frac{2}{3}$. 619 $\frac{2}{3}$.

NUITS.

(SUITE.)

DÉSIGNATION DES		CONTENANCE par CLIMATS.	CLASSEMENT SUIVANT LE MÉRITE DES PRODUITS.		
SECTIONS cadastral.	CLIMATS OU LIEUX DITS.		1re CLASSE	2e CLASSE	3e CLASSE
		h. a. c.			
E	Les Brulées		. . . .	626 $\frac{3}{4}$. 627 $\frac{1}{4}$.	620 $\frac{3}{4}$. 621 $\frac{3}{4}$.
				628 $\frac{1}{4}$. 632 $\frac{1}{2}$.	622 $\frac{1}{2}$. 623 $\frac{1}{2}$.
				633 $\frac{1}{2}$. 636 $\frac{1}{2}$.	624. 625.
				637 $\frac{1}{2}$	626 $\frac{1}{4}$. 627 $\frac{3}{4}$.
					628 $\frac{3}{4}$. 629.
					630. 631.
					632 $\frac{1}{2}$. 633 $\frac{1}{2}$.
					634. 635.
					636 $\frac{1}{2}$. 637 $\frac{1}{2}$.
	Les Chaliots	7 72 35	. . . .	638 -- 646.	647 -- 749.
				750 $\frac{1}{2}$. 752-	750 $\frac{1}{2}$. 751.
				759.	760-766.
	Les Poisets	4 85 95	. . . .	767 $\frac{1}{4}$. 770 $\frac{1}{4}$.	767 $\frac{3}{4}$. 768.
				771 $\frac{1}{2}$. 776 $\frac{1}{2}$.	769. 770 $\frac{3}{4}$.
				777 $\frac{1}{2}$. 778 $\frac{1}{3}$.	771 $\frac{1}{2}$. 771 bis.
				782 $\frac{1}{2}$. 784.	775. 776 $\frac{1}{2}$.
				787 $\frac{1}{6}$. 788 $\frac{1}{8}$.	777 $\frac{1}{2}$. 778 $\frac{1}{2}$.
				793 $\frac{1}{3}$. 798 $\frac{1}{3}$.	779. 780.
				799 $\frac{1}{3}$. 801 $\frac{1}{6}$.	781. -- 782 $\frac{1}{2}$.
				802 $\frac{1}{5}$. 808 $\frac{1}{3}$.	783. 785. 786.
				811 $\frac{1}{2}$. 815.	787 $\frac{1}{5}$. 788 $\frac{1}{5}$.
				816 $\frac{1}{2}$. 820 $\frac{1}{3}$.	789 -- 792.
				821 $\frac{1}{4}$. 822 $\frac{1}{3}$.	793 $\frac{2}{3}$. 794-
					797. 798 $\frac{2}{3}$.
					799 $\frac{2}{3}$. 800.
					801 $\frac{4}{5}$. 802 $\frac{4}{5}$.
					803 -- 807.
					808 $\frac{2}{3}$. 809.
					810. 811 $\frac{1}{2}$.
					812. 813. 814.
					816 $\frac{1}{2}$. 817.
					818. 819.
					820 $\frac{1}{3}$. 821 $\frac{3}{4}$.
					822 $\frac{2}{3}$. 823.
					824.
	Les Longecourts. . .	5 79 20	. . . .	825 $\frac{1}{4}$. 826 $\frac{1}{4}$.	825 $\frac{3}{4}$. 826 $\frac{3}{4}$.
				829 $\frac{1}{2}$. 830 $\frac{1}{2}$.	827. 828.
				843 $\frac{1}{2}$. 844 $\frac{1}{2}$.	829 $\frac{1}{2}$. 830 $\frac{1}{2}$.
				846 $\frac{1}{3}$. 847 $\frac{1}{3}$.	831 -- 842.
				849 $\frac{1}{2}$. 850 $\frac{1}{3}$.	843 $\frac{1}{2}$. 844 $\frac{1}{2}$.
				853 $\frac{1}{2}$. 854 $\frac{1}{2}$.	845. 846 $\frac{2}{3}$.
				861 $\frac{2}{3}$. 862-	847 $\frac{2}{3}$. 848.
				864 $\frac{1}{5}$. 865 $\frac{1}{3}$.	849 $\frac{1}{2}$. 850 $\frac{7}{8}$.

NUITS.

(SUITE.)

DÉSIGNATION DES		CONTENANCE par CLIMATS.	CLASSEMENT SUIVANT LE MÉRITE DES PRODUITS.		
SECTIONS cadastral	CLIMATS OU LIEUX DITS.	h. a. c.	1re CLASSE	2e CLASSE	3e CLASSE
E	Les Longecourts. . .		. . . .	866 $\frac{1}{3}$. 867 $\frac{1}{3}$. 868 $\frac{1}{3}$. 869 $\frac{1}{2}$. 870 $\frac{1}{3}$. 871 $\frac{1}{3}$. 872 $\frac{1}{3}$. 873 $\frac{1}{2}$. 874 $\frac{1}{2}$. 875. 887. 888.	851. 852. 853 $\frac{1}{2}$. 854 $\frac{1}{2}$. 855 — 860. 861 $\frac{1}{3}$. 863. 864 $\frac{4}{5}$. 865 $\frac{2}{3}$. 866 $\frac{2}{3}$. 867 $\frac{2}{3}$. 868 $\frac{2}{3}$. 869 $\frac{2}{3}$. 870 $\frac{2}{3}$. 871 $\frac{2}{3}$. 872 $\frac{2}{3}$. 873 $\frac{1}{2}$. 874 $\frac{1}{2}$. 876-886.
	Les Saints-Georges .	7 53 05	889-910.		
	Les Cailles	3 81 25	911-933.		
	Les Poirets	7 09 10	934-946.		
	La Perrière	4 07 60	947-994.		
	Les Hauts-Poirets . .	1 50 55	. . . .	. . . .	995-1026.
	Les Poulettes	2 33 75	1027-1066.		
	Les Chabœufs	2 93 00	1067-1073.		
	Les Vaucrains. . . .	6 05 90	1074-1104.		
	Chaines Carteau. . .	2 65 40	. . . .	1105-1138.	
F	Les Vallerots	9 69 55	. . . .	1139-1365.	
	Les Plateaux	7 90 10	. . . .	1-111.	
	Les Charmois	13 75 55	. . . .	211-216. 222-228. 232. 233. 234. 266-283. 295-299. 309-318. 324-328. 338-354. 356. 358-360. 363. 364. 365.	200-210. 264. 265. 284-294. 300-308. 319-323. 329-337. 355. 356 bis. 361. 362. 366-399. 406-418. 423-466. 472-477.
	Les Argillats.	7 47 30	. . . .	1067.	985 -- 1066 1068-1093.

VOSNE.

Vignes en Vins fins, comprenant 167 hectares 55 ares 75 centiares.

SECTIONS cadastral.	DÉSIGNATION DES CLIMATS OU LIEUX DITS.	CONTENANCE par CLIMATS.	CLASSEMENT SUIVANT LE MÉRITE DES PRODUITS.		
			1re CLASSE 48 h. 20 a. 35 c.	2e CLASSE 44 h. 05 a. 80 c.	3e CLASSE 75 h. 29 a. 60 c.
		h. a. c.			
A	Hauts-Beaux-Monts. .	3 80 50	. . . . 1-92.		
	La Combe-Brulée . .	1 62 25	. . . . 93-130.		
	Aux Brulées	3 87 70	131-186.		
	Les Beaux-Monts. . .	2 43 30	187-209.		
	Les Suchots.	13 12 10	210-235.	236-280.	
	Hautes-Maizières. . .	2 64 30	. . . .	281-313.	
	Vigneux.	3 58 90	. . . .	. . . .	314-355.
	Basses-Maizières. . .	2 39 35	. . . .	. . . .	356-375.
	Les Chalandins. . . .	4 59 75	. . . .	. . . .	376-473.
	Aux Ormes.	4 82 35	. . . .	. . . .	474-544.
	Bossières.	2 08 70	. . . .	. . . .	545-584.
	Aux Jachères.	1 58 75	. . . .	. . . .	585.-593.
	Aux Saules	2 24 15	. . . .	. . . .	594-634.
	Pré-de-la-Folie . . .	3 96 80	. . . .	. . . .	635-657.
	Champs-Gondins . .	2 34 60	. . . .	. . . .	658-697.
	La Colombière. . . .	4 30 65	. . . .	. . . .	697bis-749.
	Aux Communes . . .	7 34 55	. . . .	. . . .	750-841.
	Aux Genaivrières . .	2 91 40	. . . .	. . . .	842-863.
	Village de Vosne . .	3 17 30	. . . .	. . . .	864. 865. 872. 1016 — 1019. 1020. 1021. 1026. 1028. 1034. 1036- 1040.
	Derrière le Four. . .	1 00 65	. . . . 1117-1134.		
	Romanée-St-Vivant .	9 54 30	1135-1139.		
	La Croix-Rameau . .	63 35	. . . . 1140-1156.		
C	Les Barreaux	4 68 75	. . . .	. . . .	19-127.
	Aux Petits-Monts . .	3 70 75	168. 169 $\frac{4}{5}$. 170 $\frac{3}{4}$. 171. 172. 173. 184 $\frac{1}{4}$. 187 $\frac{1}{4}$. 188 $\frac{3}{4}$. 199. 200. 201 $\frac{3}{4}$. 202-205.	133 — 167. 169 $\frac{1}{5}$. 170 $\frac{1}{2}$. 174 — 183. 184 $\frac{1}{4}$. 185. 186. 187 $\frac{1}{4}$. 188 $\frac{1}{2}$. 189 — 198. 201 $\frac{1}{4}$.	
	Cros Parantoux . . .	1 00 15	. . . .	206-221.	
	Les Verroilles ou Richebourg	3 05 95	222-238.		
	Les Richebourg . . .	4 93 45	239-268.		
	La Romanée-Conti. .	1 80 50	269.		
	La Romanée.	83 45	270.		
	Aux Reignots	1 67 95	271-286.	287-308.	
	Champs-de-Perdrix .	4 13 25	. . . .	. . . .	309-411.

VOSNE.

(SUITE.)

SECTIONS cadastral	DÉSIGNATION DES CLIMATS OU LIEUX DITS.	CONTENANCE par CLIMATS.	CLASSEMENT SUIVANT LE MÉRITE DES PRODUITS,		
			1re CLASSE	2e CLASSE	3e CLASSE
		h. a. c.			
C	Les Damaudes. . .	2 47 45	. . . .	414 -- 418.	414 bis - 113.
				434 ½. 435-	419 -- 433.
				446.	434 ½.
	Au-dessus des Mal-				
	consorts.	1 07 50	. . . .	447-464.	
	Les Gaudichots . . .	5 79 65	465-540.		
	La Grande Rue . . .	1 32 95	511. 512.		
	La Tâche	1 40 05	513.		
	Aux Malconsorts. . .	5 94 65	514-549.		
	Les Chaumes	7 25 30	. . . .	550 -- 613.	
				622. 625-633.	
	Clos des Réas. . . .	2 15 75	. . . .	635.	
	Aux Réas.	9 78 55	. . . .	636-678. 684-	679-683.
				722.	
	Les Jacquines. . . .	3 52 35	. . . .	766-777.	723-765.
	Aux Raviolles	5 98 30	. . . .	826. 827. 828.	778-825. 829.
				831. 835. 836.	830. 832. 833.
				844. 845. 847.	834. 837-843.
				854. 855. 868.	846. 848-853.
				869. 871. 876.	856-867. 870.
				877. 883. 884.	972-875. 878-
				894 bis. 892.	882. 885. 891.
				898. 899. 910.	893-897. 900-
				911. 914. 915.	909. 912. 943.
				918. 919. 922.	916. 947. 920.
					921. 923-933.
	La Croix-Blanche . .	3 75 45	. . . .	. . . .	934-996.
	Dessus de la Rivière.	4 40 15	. . . .	. . . .	997-1051.
	La Fontaine de Vosne	2 77 75	. . . .	. . . .	1052 -- 1070.
					1072 -- 1084.
					1093. 1098.

FLAGEY-LES-GILLY.

Vignes en Vins fins, comprenant 72 hectares 45 ares 60 centiares.

SECTIONS cadastral	DÉSIGNATION DES CLIMATS OU LIEUX DITS.	CONTENANCE par CLIMATS.	CLASSEMENT SUIVANT LE MÉRITE DES PRODUITS.		
			1re CLASSE 49 h. 26 a. 95 c.	2e CLASSE 14 h. 27 a 75 c.	3e CLASSE 8 h. 90 a. 90 c.
D	Les Rouges de Dessus	h. a. c. 3 50 95	. . . .	78-137.	
	En Orveaux	9 72 10	144-214.	138-143.	
	les Grands-Echezeaux	9 14 45	215-265.		
	Les Treux	4 89 30	266. 267. 311.	268-310. 312- 328. . . .	
	Clos Saint-Denis. . .	1 80 25	329-350.		
	Les Cruots ou Vignes Blanches	3 28 95	351. 389.		
	Les Beaux Monts-Bas	5 49 75	390-442. 444. 446. 448½.	443. 445. 447. 448½. 449.	
	Beaux Monts-Hauts.	1 57 50	. . . . . .	450-466.	
	Les Rouges-du-Bas .	3 99 55	468-494.	467.	
	Champs-Traversins .	3 58 00	495-517.		
	Les Poulaillières. . .	5 21 20	518-548.		
	Echezeaux du Dessus	3 55 30	549-573.		
	Les Loachausses. . .	3 75 45	574-624.		
	Maizières-Hautes . .	1 43 15	. . . . . .	625-641.	
	les Quartiers-de-Nuit	2 58 40	655-658.	642-654. 659- 669.	
	Les Violettes. . . .	1 36 25	. . . . . .	. . . . , .	670-696.
	Les Portefeuilles ou Murailles-du-Clos .	1 87 70	. . . . . .		697-728.
	Les Chalandins . . .	3 17 50	. . . . . .		729-792.
	Maizières-Basses. .	2 49 65	. . . . . .		793-825.

VOUGEOT.

Vignes en Vins fins, comprenant 62 hectares 32 ares 25 centiares.

SECTIONS cadastral	DÉSIGNATION DES CLIMATS OU LIEUX DITS.	CONTENANCE par CLIMATS.	CLASSEMENT SUIVANT LE MÉRITE DES PRODUITS.		
			1re CLASSE 53 h. 96 a 40 c.	2e CLASSE 5 h. 95 a. 85 c.	3e CLASSE 2 h. 40 a. 00 c.
	Clos de Vougeot. . .	h. a. c. 50 22 40	2.		
	Les Petits-Vougeots .	5 82 85	5-10.	11. 12. 37.	
	La Vigne-Blanche . .	4 87 95	38 ⅝.	38 ⅛.	
	Les Cras	4 39 05	. . . . . .	39-56.	57-67. 70-73. 78. 79. 82- 89.

CHAMBOLLE.

Vignes en Vins fins, comprenant 162 hectares 93 ares 85 centiares.

SECTIONS cadastral.	DÉSIGNATION DES CLIMATS OU LIEUX DITS.	CONTENANCE par CLIMATS.	CLASSEMENT SUIVANT LE MÉRITE DES PRODUITS.		
		h. a. c.	1re CLASSE 48 h. 96 a 30 c.	2e CLASSE 83 h. 16 a. 50 c.	3e CLASSE 30 h. 81 a. 45 c.
B	Les Cras	4 21 15	419-441. 446. 447. 493 499.	. . . .	442-445,448-492.
	Les Carrières. . . .	72 40	. . . .	500-505. 507. 508. 509.	
	Les Chatelots. . . .	2 53 08	. . . .	510-560.	
	Les Combottes . . .	64 65	. . . .	574 589.	
	Les Charmes. . . .	2 65 35	. . . .	590-627.	
	Les Plantes. . . .	78 15	. . . .	628 642.	
	Les Grands-Murs. .	75 17	. . . .	643-653.	
	Les Feusselottes . .	4 08 55	. . . .	654-734.	
	Derrière-la-Grange .	72 05	735-745		
	Les Gruenchers. . .	2 95 60	746-754. 756	755. 757-796.	
	Les Groseilles . . .	4 54 50	. . . .	797-822.	
	Les Noirots. . . .	2 87 70	$823\frac{1}{2}$.$833\frac{1}{3}$.834 835. 840. $841\frac{1}{2}$. $846\frac{2}{3}$. $847\frac{2}{3}$. $848\frac{1}{3}$. $862\frac{2}{3}$. $863\frac{1}{2}$. $864\frac{1}{2}$. 866. 867. $868\frac{1}{2}$.	$823\frac{1}{3}$. 824-832. $833\frac{1}{3}$. 836-839. $841\frac{1}{2}$ 842-845. $846\frac{1}{2}$. $847\frac{1}{2}$. $848\frac{1}{2}$.849-861. $862\frac{1}{2}$. $863\frac{1}{2}$. $864\frac{1}{2}$.865.$868\frac{1}{2}$.	
	Les Lavrottes. . . .	99 40	869-881		
	Les Baudes.	3 54 70	$882\frac{2}{3}$. $884\frac{1}{3}$. $885\frac{1}{2}$. $886\frac{1}{2}$. $887\frac{1}{2}$ 888-891 $892\frac{1}{2}$. $893\frac{1}{2}$. $894\frac{2}{3}$. $897\frac{2}{3}$. 898.899. $900\frac{2}{3}$. 901.$902\frac{1}{2}$.$903\frac{1}{4}$ $904\frac{2}{3}$.$905\frac{1}{2}$.906 907.$908\frac{2}{3}$.909. 910.911. $912\frac{2}{3}$ 913-923.	$882\frac{1}{2}$.883.$884\frac{1}{3}$. $885\frac{1}{4}$. $886\frac{1}{2}$. $887\frac{1}{2}$. $892\frac{1}{2}$. $893\frac{1}{2}$. $894\frac{1}{2}$. 895.896.$897\frac{1}{4}$ $900\frac{1}{2}$. $902\frac{1}{4}$. $903\frac{1}{4}$. $904\frac{1}{4}$. $905\frac{3}{4}$. $908\frac{1}{4}$. $912\frac{1}{4}$.	
	Les Sentiers	4 94 40	$936\frac{1}{10}$. $937\frac{1}{2}$ $939\frac{1}{4}$. $940\frac{1}{4}$. $941\frac{1}{4}$. $942\frac{1}{4}$. $943\frac{1}{4}$. $944\frac{1}{2}$. $945\frac{3}{4}$. $951\frac{2}{3}$. 952. 953. $956\frac{1}{2}$ $957\frac{1}{3}$. $958\frac{1}{3}$. $959\frac{1}{4}$. $960\frac{1}{4}$. 962-$963\frac{1}{2}$. $964\frac{1}{2}$. 967. 968. $969\frac{1}{2}$. 970.	924-935.$936\frac{9}{10}$ $937\frac{2}{3}$ 938.$939\frac{3}{4}$ $940\frac{1}{4}$. $944\frac{1}{4}$. $942\frac{2}{3}$. $943\frac{2}{3}$. $944\frac{1}{4}$. $945\frac{1}{4}$. 946-950.$951\frac{1}{3}$ 954.955.$956\frac{2}{3}$ $957\frac{3}{4}$. $958\frac{3}{4}$. 961.$963\frac{1}{4}$.$964\frac{1}{4}$. 965.966.$969\frac{1}{4}$.	

CHAMBOLLE

(SUITE.)

SECTIONS cadastral	DÉSIGNATION DES CLIMATS OU LIEUX DITS	CONTENANCE par CLIMATS.	CLASSEMENT SUIVANT LE MÉRITE DES PRODUITS. 1re CLASSE	2e CLASSE	3e CLASSE
		h. a. c.			
B	Les Bonnes-Mares .	13 70 50	971 — 1029.	1030 - 1037$\frac{1}{4}$	
			1031 — 1036	1038$\frac{1}{6}$. 1039$\frac{1}{6}$	
			1037$\frac{3}{4}$. 1038$\frac{5}{6}$	1040$\frac{5}{6}$. 1041$\frac{5}{6}$	
			1039$\frac{5}{6}$. 1040$\frac{4}{6}$	1042$\frac{1}{4}$. 1043$\frac{1}{4}$	
			1041$\frac{5}{6}$. 1042$\frac{3}{4}$	1044$\frac{1}{4}$. 1045$\frac{1}{4}$	
			1043$\frac{3}{4}$. 1044$\frac{3}{4}$	1047$\frac{1}{3}$. 1448$\frac{1}{3}$	
			1045$\frac{3}{5}$. 1046	1049$\frac{1}{3}$. 1051$\frac{1}{3}$	
			1047$\frac{2}{3}$. 1048$\frac{2}{3}$	1052$\frac{1}{6}$. 1053$\frac{1}{3}$	
			1049$\frac{2}{3}$. 1050$\frac{2}{3}$	1054$\frac{1}{8}$. 1055$\frac{1}{8}$	
			1051$\frac{1}{2}$. 1052$\frac{1}{2}$	1056$\frac{1}{6}$. 1057$\frac{1}{8}$	
			1053$\frac{2}{3}$. 1054$\frac{2}{3}$	1058$\frac{1}{2}$. 1059$\frac{1}{2}$	
			1055$\frac{2}{8}$. 1056$\frac{2}{3}$	1060$\frac{1}{3}$. 1092$\frac{5}{8}$	
			1057$\frac{2}{3}$. 1058$\frac{2}{3}$	1093$\frac{1}{4}$ 1094-	
			1059$\frac{1}{2}$. 1060$\frac{2}{3}$	1097. 1098$\frac{1}{4}$.	
			1061 -- 1091.	1099$\frac{1}{4}$ 1101$\frac{1}{6}$.	
			1092$\frac{5}{6}$. 1093$\frac{3}{4}$	1101$^{\text{bis}}\frac{1}{3}$. 1102-	
			1098$\frac{3}{4}$. 1099$\frac{3}{4}$	1108.	
			1100. 1101$\frac{5}{6}$		
			1101$\frac{5}{6}$ 1101 *bis*$\frac{5}{6}$		
			1109. - 1117.		
	Les Fuées	6 17 20	1118 - 1152	1153 -- 1169	
			1170$\frac{1}{5}$.	1170$\frac{4}{5}$. 1171-	
				1231.	
C.	Les Danguerins . .	2 75 10	. . . .	. . . .	73-93.
	Les Creux-Baissants	3 83 60	. . . .	. . . .	94-171
	Les Échéseaux . . .	2 28 05	. . . .	172-220.	
	Derrière-le-Four . .	3 88 00	. . . .	297-338.	249-296.
	Les Pas-de-Chats . .	1 82 90	. . . .	339-383.	
	Les Barottes	90 65	. . . .	384-397.	
	Les Chabiots	2 03 05	. . . .	398-441.	
	Les Borniques . . .	1 47 15	. . . .	442 482.	
	Les Fouchères . . .	2 80 75	. . . .	. . . .	483-530.
	Les Guéripes	1 71 55	. . . .	. . . .	531-568.
	Les Argillières . . .	1 67 35	. . . .	. . . .	569-610.
	Les Charmes. . . .	5 82 05	611-627. 628$\frac{1}{8}$	628$\frac{2}{8}$. 629$\frac{1}{2}$.	
			629$\frac{1}{2}$. 630$\frac{1}{2}$.	631$\frac{1}{2}$. 631$\frac{1}{3}$	
			631$\frac{2}{3}$. 632-633	634 653. 684.	
			654-683.	694.	
	Les Sordes	35 80	. . . .	695 726.	
	Les Condemennes .	5 11 90	. . . .	727-808.	
	Les Babillères . . .	3 73 80	. . . .	809-824. 864-	825-863.
				884.	

CHAMBOLLE

(SUITE.)

SECTIONS cadastral	DÉSIGNATION DES CLIMAT OU LIEUX DITS	CONTENANCE par CLIMATS	CLASSEMENT SUIVANT LE MÉRITE DES PRODUITS.		
			1re CLASSE	2e CLASSE	3e CLASSE
		h. a. c.			
C	Les Nazoires. . . .	3 12 80		885 889. 923$\frac{1}{3}$ 925$\frac{1}{2}$. 928$\frac{3}{4}$. 929. 930. 931.	890-922. 923$\frac{1}{2}$ 924. 925$\frac{3}{4}$. 926 927. 928$\frac{1}{4}$ 932. 950.
	Les Bas-Doix. . . .	1 79 40		951 976. 979.	
	Les Hauts-Doix . . .	1 76 »	984$\frac{1}{2}$. 985$\frac{1}{2}$ 986$\frac{1}{3}$. 987$\frac{1}{3}$ 988$\frac{2}{3}$. 989$\frac{4}{5}$. 990. 991$\frac{1}{4}$. 992 1004.	984$\frac{2}{3}$. 985$\frac{1}{2}$ 986$\frac{1}{4}$. 987$\frac{1}{1}$ 988$\frac{1}{4}$. 989$\frac{1}{3}$ 991$\frac{1}{4}$.	
	Les Amoureuses. . .	5 35 75	1005-1029. 1030$\frac{2}{10}$ 1031. 1032. 1033. 1035$\frac{1}{4}$. 1036$\frac{2}{3}$ 1039$\frac{1}{2}$. 1051- 1056	1030$\frac{1}{10}$. 1034. 1035$\frac{1}{2}$. 1036$\frac{1}{2}$ 1037. 1038. 1039$\frac{3}{4}$. 1040- 1050. 1087- 1098.	
	Les Musigny. . . .	5 89 80	1099-1165.		
	Les Petits-Musigny. .	4 15 55	1166-1185.		
	La Combe-d'Orveau	5 9 35	1186-12 9.	1210-1224.	
D	Les Charmes. . . .	82 5		1-13.	
	Les Plantes	1 77 80		14 45.	
	Aux Combottes. . . .	2 28 35		46 99.	
	Le Clos de l'Orme.	1 76 95		100 139.	
	Les Mal-Carrées . . .	2 20 50		140-143. 144$\frac{1}{2}$ 145$\frac{1}{3}$. 146. 147 153 $\frac{3}{4}$. 154$\frac{1}{2}$ 155. 156$\frac{3}{4}$. 157$\frac{3}{4}$·158-168.	144 $\frac{1}{2}$. 145 $\frac{1}{2}$ 148-152. 153$\frac{1}{4}$ 154 $\frac{1}{2}$. 156 $\frac{1}{4}$ 157 $\frac{1}{4}$.
	Les Monbies. . . .	2 18 50		169$\frac{1}{3}$. 170-187. 188 $\frac{1}{3}$. 189 $\frac{1}{4}$. 193 $\frac{1}{3}$. 194$\frac{1}{4}$ 195 $\frac{1}{3}$. 198 $\frac{1}{4}$ 200 $\frac{1}{4}$.	169 $\frac{1}{4}$. 188 $\frac{1}{3}$ 189$\frac{3}{4}$. 190. 191 192. 193$\frac{1}{4}$. 194$\frac{3}{4}$ 195$\frac{3}{4}$. 196. 197 198 $\frac{3}{4}$. 199. 200 $\frac{1}{2}$. 201- 204.
	Les Maladières. . . .	2 54 55		205 $\frac{1}{3}$. 206 $\frac{2}{3}$. 207$\frac{1}{2}$. 207 bis. 208 $\frac{2}{3}$. 209 $\frac{1}{4}$ 211. 212. 213$\frac{1}{6}$ 214$\frac{1}{6}$ 215 $\frac{1}{4}$. 216 $\frac{1}{4}$. 218 $\frac{1}{4}$. 219. 220 $\frac{1}{6}$. 221$\frac{1}{4}$. 224. 223.	205 $\frac{1}{4}$. 206 $\frac{1}{2}$ 207 $\frac{3}{4}$. 208 $\frac{1}{4}$ 209$\frac{1}{4}$. 210. 213$\frac{3}{6}$ 214 $\frac{1}{4}$. 215 $\frac{5}{6}$ 216$\frac{5}{6}$. 217. 218$\frac{1}{4}$ 220 $\frac{5}{6}$. 221 $\frac{1}{4}$ 224 $\frac{4}{6}$. 225 $\frac{1}{4}$ 227 $\frac{1}{4}$. 228 $\frac{1}{4}$

CHAMBOLLE.

(SUITE.)

N. Tion Cadastral	DÉSIGNATION DES CLIMATS OU LIEUX DITS.	CONTENANCE par CLIMATS.	CLASSEMENT SUIVANT LE MÉRITE DES PRODUITS.		
		h. a. c.	1re CLASSE	2e CLASSE	3e CLASSE
0.	Les Maladières.(suite)			224 $\frac{1}{8}$. 225 $\frac{1}{6}$. 226. 227 $\frac{2}{3}$ 228 $\frac{1}{2}$ 229 $\frac{1}{6}$. 230 231 232 $\frac{1}{8}$. 235 $\frac{1}{2}$. 236 239. 240 $\frac{2}{3}$ 241 $\frac{1}{3}$. 243 $\frac{2}{3}$ 244. 247.248 $\frac{1}{2}$ 250. 251 $\frac{1}{3}$ 252. 253.	229 $\frac{2}{3}$. 232 $\frac{5}{6}$ 233. 234. 235 240 $\frac{5}{6}$ 241 $\frac{1}{3}$.242 243 $\frac{1}{3}$. 245. 246 248 $\frac{1}{2}$. 249 251 $\frac{1}{2}$.
	Aux Croix	2 53 40		254-301.	
	Aux Echanges. . . .	2 58 35		302-306. 307 $\frac{2}{3}$ 308.309 $\frac{1}{2}$. 311 $\frac{1}{2}$ 312 $\frac{2}{3}$.313 $\frac{1}{2}$.314 315. 316 $\frac{5}{6}$ 317 $\frac{1}{2}$.319-327. 328 $\frac{1}{7}$.329 $\frac{1}{2}$.330	307 $\frac{1}{7}$. 309 $\frac{1}{2}$ 310 311 $\frac{1}{2}$.312 $\frac{1}{2}$ 313 $\frac{1}{7}$. 316 $\frac{1}{7}$ 317 $\frac{1}{2}$. 318. 328 $\frac{5}{6}$. 329 $\frac{1}{2}$ 331.
	Les Athets.	4 75 90			332-427.
	Les Herbues.	6 48 45			428-559.
	Les Gamaires	3 37 55			560-600.
	Les Bussières	4 19 63	601-656.		
	Les Drazey	3 80 40	657-720.		
	Les Fremières. . . .	4 62 60	721-816.		
	Aux Beaux-Bruns . .	2 45 25	817-836.		
	Les Chardannes. . .	3 62 30	882. 883. 888. 889. 892 893. 897. 898. 902. 903. 907. 910. 912. 916. 917. 920.	837-881. 884 886. 887. 890 891. 894. 895. 896. 899. 900. 901. 904. 905. 906. 908. 909. 911. 943.914. 915. 918. 819. 921-938.

MOREY.

Vignes en Vins fins, comprenant 103 *hectares* 74 *ares* 75 *centiares.*

SECTIONS cadastral.	DÉSIGNATION DES CLIMATS OU LIEUX DITS.	CONTENANCE par CLIMATS.	CLASSEMENT SUIVANT LE MÉRITE DES PRODUITS. 1re CLASSE 53 h. 35 a. 20 c.	2e CLASSE 29 h. 03 a. 75 c.	3e CLASSE 21 h. 35 a. 80 c.
		h. a. c.			
A	En la Rue de Vergy.	68 65	. . . .	357 372.	
	Bonnes-Mares	1 84 55	374-386.		
	Clos de Tart.	6 87 50	387.		
	Meix Rentiers	1 16 15	389-407.		
	Les Larrets	5 99 05	408 $\frac{15}{16}$. 409 413	408 $\frac{1}{16}$. 414 $\frac{1}{6}$.	
			414 $\frac{7}{8}$. 415 $\frac{1}{2}$.	415 $\frac{1}{2}$. 416. 417.	
			418 $\frac{1}{2}$. 419 $\frac{1}{2}$.	518 $\frac{1}{2}$. 419 $\frac{1}{2}$.	
			422. 423. 425 $\frac{3}{4}$	420. 421. 424.	
			430 $\frac{1}{8}$. 431-434	425 $\frac{1}{4}$. 426 429.	
			435 $\frac{2}{3}$. 436 $\frac{1}{3}$.	430 $\frac{2}{3}$. 435 $\frac{1}{3}$	
			437 $\frac{1}{3}$. 439 $\frac{1}{4}$.	436 $\frac{2}{3}$ 437 $\frac{2}{3}$.	
			440 $\frac{1}{4}$. 441. 442.	438. 439 $\frac{3}{4}$.	
			443 $\frac{1}{4}$. 445 $\frac{1}{5}$.	440 $\frac{3}{4}$. 443 $\frac{3}{4}$.	
			446 $\frac{1}{4}$. 447. 448.	444. 445 $\frac{4}{5}$.	
			449 $\frac{1}{5}$. 450 $\frac{1}{5}$.	446 $\frac{3}{4}$. 449 $\frac{4}{5}$.	
			451 $\frac{1}{12}$. 452 455	450 $\frac{4}{5}$. 451 $\frac{5}{12}$.	
			456 $\frac{5}{6}$. 457 $\frac{3}{4}$	456 $\frac{1}{2}$. 457 $\frac{1}{4}$.	
			459 $\frac{1}{6}$. 460-473.	458 $\frac{1}{2}$. 459 $\frac{5}{6}$.	
				474-486.	
	Côte-Rôtie	52 10	580. 581.	571. 773-576.	
	Les Bouchots	2 01 70	591 $\frac{1}{2}$. 592. 593.	582 588. 591 $\frac{1}{2}$.	
	Morey.	3 47 95	674.	837-845. 859.	824-827.
				860. 861 864.	
				866. 878-887.	
	Les Ruchots.	2 64 40	. . . .	929-982.	
	Clos Bussière.	3 00 90	. . . .	983. 984. 989.	
				990. 994.	
	Les Porroux.	4 83 55	. . . .		992 - 1042.
					1045. 1046.
					1047.
	Les Fionnières. . . .	2 15 15	. . . .		1049-1069.
	Les Sorbés.	2 95 25	. . . .	1070-1107.	
	Clos Sorbés	3 34 70	. . . .	1108.	
	Très Girard	4 05 35	. . . .		1109-1178.
	Clos Solon.	5 74 00	. . . .	1249 1272.	1179-1248.
	Les Blanchards . . .	2 00 65	. . . .	1275 $\frac{1}{2}$. 1276 $\frac{1}{2}$.	1273. 1274
				1280 $\frac{2}{3}$. 1281.	1275 $\frac{1}{2}$. 1276 $\frac{1}{2}$.
				1282 $\frac{2}{3}$. 1285 $\frac{1}{2}$.	1277. 1278.
				1289 $\frac{1}{2}$. 1290 $\frac{1}{8}$.	1279. 1280 $\frac{1}{3}$.
				1291 $\frac{5}{6}$. 1298 $\frac{1}{2}$.	1282 $\frac{1}{8}$. 1283.
				1299-1304.	1284. 1285 $\frac{1}{2}$.
				1305 $\frac{3}{4}$. 1306	1286. 1287.
				1310 bis.	1288. 1289 $\frac{1}{4}$.

MOREY

(SUITE.)

SECTIONS cadastral	DÉSIGNATION DES CLIMATS OU LIEUX DITS	CONTENANCE par CLIMATS.	CLASSEMENT SUIVANT LE MÉRITE DES PRODUITS,		
			1re CLASSE	2e CLASSE	3e CLASSE
A	Les Blanchards (suite)	h. a. c.	. . . .	. . . . . .	1290 ¾. 1291 ½. 1292 - 1297. 1298 ½. 1305 ¼. 1311-1315.
	Clos Baulet.	86 90	. . . .	1322-1329.	1316-1321.
	Les Gruenchers . . .	60 35	. . . .	1336-1341.	
	La Riotte.	2 47 70	. . . .	1342. 1376.	
	Les Chabio's.	2 14 75	1377-1401		
	Clos Saint-Denis. . .	2 14 20	1402.		
	Maison-Brûlée. . . .	1 84 25	1403 1421.		
	Calouère.	1 31 05	1422-1428.		
	Les Chaffots.	1 26 10	1429-1435. 1437 ⅞. 1438. 1445. 1450 ½. 1451, 1451 bis 1452. 1453 ½. 1454 ½. 1456 ½. 1457. 1458 1461. 1463.		
	Les Genavrières. . .	88 70	. . . . . .	1543 ½. 1544- 1547. 1549 ½. 1550 ½. 1551 ⅘. 1552-1560.	
	Monts-Luisants. . . .	3 11 00	1689 - 1694. 1695 ½. 1696. 1697. 1701. 1702. 1764. 1770 - 1774. 1778 - 1804.	1672. 1675. 1685. 1746. 1749. 1751. 1763. 1765. 1769. 1775. 1776. 1777.	
	Clos de la Roche. . .	4 57 40	1804-1830.		
	Les Mochamps. . . .	2 51 20	1831-1854.		
	Les Froichots	64 40	1855 1860.		
	Les Fremières. . . .	2 36 00	1861-1876.		
	Les Millandes. . . .	4 29 35	1877-1946.		
	Les Faconnières. . .	1 73 50	1947-1958.		
	Les Chenevery. . . .	3 23 90	1959 - 1973. 1984 ½. 1985. 1987 ⁹⁄₁₀. 1788- 1794.	1974 - 1983. 1984 ½. 1986. 1987 ¹⁄₁₀. 1795- 2010.	
	Bas-Chenevery. . . .	2 05 20	. . . .	. . . . . .	2011-2041.
	Les Herbuottes. . . .	1 85 15	. . . .	. . . . . .	2042-2077.
	Les Charrières. . . .	2 41 60	2078-2115.		

MOREY.

(SUITE.)

SECTION cadastral	DÉSIGNATION DES CLIMATS OU LIEUX DITS	CONTENANCE par CLIMATS	CLASSEMENT SUIVANT LE MÉRITE DES PRODUITS.		
		h. a. c.	1re CLASSE	2e CLASSE	3e CLASSE
A	Clos des Ormes . . .	4 48 60	2116. 2117. 2118. 2119 5/6. 2120 1/2. 2124 1/2. 2122 1/2. 2124. 2125. 2126. 2127 1/3. 2128 1/3. 2130 3/5. 2131- 2135.	2119 1/2. 2120 1/2. 2121 1/2. 2122 1/3. 2123. 2127 2/3. 2128 1/3. 2129. 2430 1/3.	
	Aux Charmes	1 24 55	2136-2159.		
	Aux Chesaux.	2 58 »	2160 - 2175. 2176 5/6. 2177 5/6. 2178. 2179 3/4. 2186. 2187 1/2. 2189 1/2. 2190 1/2. 2191 1/2. 2192. 2198 - 2201. 2202 1/3.	2176 1/6. 2177 1/6. 2179 1/4.	2180 - 2185. 2187 3/4. 2188. 2189 3/5. 2190 1/4. 2191 1/4. 2193- 2197. 2202 4/5. 2203.

GEVREY.

Vignes en vins fins, comprenant 99 hectares 90 ares 05 centiares.

SECTION cadastral	DÉSIGNATION DES CLIMATS OU LIEUX DITS.	CONTENANCE par CLIMATS	CLASSEMENT SUIVANT LE MÉRITE DES PRODUITS.		
			1re CLASSE 28 h. 20 a. 05 c.	2e CLASSE 52 h. 30 a. 25 c.	3e CLASSE 19 h. 39 a. 75 c.
		h. a. c.			
B	Cazetiers.	8 40 85	. . . .	963. 966. 968 1/2. 969 1/2. 970 1/2. 971 2/3. 972 1/2. 973 1/4. 974 1/2. 975 1/4. 776 978. 979 1/4. 980 3/4. 980 bis 1/2. 981 1/3. 982 1/5. 983 1/2. 989 1/2. 993 3/4. 994 -- 1016. 1018 -- 1048.	952-964. 967. 968 1/4. 969 1/2. 970 3/4. 971 1/4. 972 1/4. 973 1/4. 974 1/4. 975 1/4. 979 1/4. 980 3/4. 980 bis 3/4. 981 1/4. 982 2/3. 983 1/2. 934-988. 989 1/4. 990-992 993 1/3. 1017.
	Saint-Jacques. . . .	2 60 60		1049-1066.	
	Lavaut.	9 55 80		. . . .	1086-1210.
J	Ruchottes-du-Dessus.	1 91 85		22-45.	
	Clos de Bèze.	15 20 80	90 119.		
	Les Mazis-Hauts. . .	4 52 80		120-164.	

GEVREY.

(SUITE.)

SECTION cadastral	DÉSIGNATION DES CLIMATS OU LIEUX DITS.	CONTENANCE par CLIMATS.	CLASSEMENT SUIVANT LE MÉRITE DES PRODUITS.		
		h. a. c.	1re CLASSE	2e CLASSE	3e CLASSE
J	Ruchottes-du-Bas...	1 27 15	. . . .	165-177.	
	Aux Charmes	12 29 25	. . . .	1115-1120.	1121-1135.
				1136 - 1146.	1147 - 1165.
				1165 bis-1170.	1171 - 1189.
	Champs Chenys. . .	1 24 75	. . . .	. . . .	1190-1204.
	Mazoyères ou Charme	14 71 70	. . . . .	1252 - 1382.	
	Aux Echesseaux. . .	3 48 75	. . . .	. . . .	1418 - 1484.
	Aux Combottes . . .	5 02 55	. . . .	1485 - 1547.	
	Latricières.	6 93 90	. . . .	1548 - 1562.	1563 - 1566.
				1567-1640.	
	Chamberlin	12 99 30	1641-1697		

BROCHON

Vignes en vins fins, comprenant 31 hectares 43 ares 05 centiares.

SECTION cadastral	DÉSIGNATION DES CLIMATS OU LIEUX DITS.	CONTENANCE par CLIMATS.	CLASSEMENT SUIVANT LE MÉRITE DES PRODUITS.		
			1re CLASSE 00 h. 00 a. 06 c.	2e CLASSE 05 h. 30 a. 80 c.	3e CLASSE 26 h. 12 a. 25 c.
		h. a. c.			
B	Crétevent.	1 98 85	. . . .		711-747.
	La Mazière.	78 35	. . . .		789-796
	Le Créot.	4 99 85	. . . .		797-814.
	Champs-Perriers. . .	3 12 15	. . . .		871-917. 920-923.
	Les Croisettes. . . .	2 26 30	. . . .		924-957 bis.
	Les Jeunes-Rois. . .	4 47 45	. . . .		958-1033.
	Crébillon.	4 57 20	. . . .	1034 - 1051.	
	La Croix-Violette. . .	4 54 90	. . . .		1052-1076.
	Créole.	3 50 00	. . . .		1077-1121.
	Queue-de-Hareng. .	1 18 00	. . . . - . .	1437. 1445.	
				1447. 1448.	

FIXIN.

Vignes en Vins fins, comprenant 42 hectares 21 ares 20 centiares.

SECTIONS cadastral.	DÉSIGNATION DES CLIMATS OU LIEUX DITS.	CONTENANCE par CLIMATS.	CLASSEMENT SUIVANT LE MÉRITE DES PRODUITS.		
			1re CLASSE 18 h. 64 a 50 c.	2e CLASSE 4 h. 66 a. 40 c.	3e CLASSE 18 h. 90 a. 30 c.
		h. a. c.			
B	Les Hervelets	3 75 25	1-43.		
	En Combe-Roy. . .	73 10	. . . .	. . . .	44. 44 bis.

FIXIN.

(SUITE.)

SECTIONS cadastral	DÉSIGNATION DES CLIMAT OU LIEUX DITS	CONTENANCE par CLIMATS.	CLASSEMENT SUIVANT LE MÉRITE DES PRODUITS.		
			1re CLASSE	2e CLASSE	3e CLASSE
		h. a. c.			
	Les Entre-deux-Velles	5 33 65	. . . .	47½. 56. 57. 58	45. 46. 47½. 48-55.
	Les Bondières. . . .	70 30	. . . . .	. . . . . .	59. 60.
	Les Meix-Bas	49 40	61-65.		
	La Perrière	4 79 40	106-115. 119.		
	Aux Cheusots. . . .	1 83 70	120-135.		
	Clos du Chapitre. . .	4 77 10	136.		
	Village de Fixin. . .	1 96 60	. . . . . .	363½. 365½. 366	
	Les Ormeaux	1 35 80	. . . . . .	. . . . .	719-731.
	Aux Crais.	1 76 »	. . . . .	. . . . .	732-737.
	La Croix - Blanche. .	98 80	. . . . .	. . . . .	738-747.
	En Clomée.	4 21 40	. . . . .	. . .	748-789.
E	Les Arvelets.	3 33 15	46-86.		
	Le Rosier	1 62 05	. . . . .	. . . . .	216-231.
	Les Clos.	1 43 90	. . . . .	. . . . .	327-339.
	Champ-Pennebaut. .	77 »	. . . . .	353-359.	
	Le Clos	87 50	. . . . .	360. 361.	
	Les Mogottes.	1 47 20	. . . . .	362. 363. 364.	365-373.

CHENOVE

Vignes en Vins fins, comprenant 62 hectares 79 ares 14 centiares.

sections cadastral.	DÉSIGNATION DES CLIMATS OU LIEUX DITS.	CONTENANCE par CLIMATS.	CLASSEMENT SUIVANT LE MÉRITE DES PRODUITS.		
			1re CLASSE	2e CLASSE 32 h. 40 a. 44 c	3e CLASSE 30 h. 38 a. 70 c
		h a. c.			
A.	Valandons.	4 86 40	. . . .	. . . . . .	1-35.
	Le Chapitre.	6 07 94	. . . .	42. 43. 50-88.	
	En Sélencourt. . . .	9 79 80		190-265.	
B.	Clos du Roi.	14 76 70		374-427.	
	Clos du Roi.	12 31 60	. . . .	, ...	164-219.
	Chenevary. , . . .	7 76 »	. . . . . .	360-364. 373-379.	319-359.
	Vignes du Piquon. .	4 74 50	. . . .	. . . , . .	712-714.
	Valandons.	2 49 20	. . . .	. . . . . .	715-727.

DIJON.

Vignes en Vins fins, comprenant 122 hectares 54 ares 60 centiares.

SECTION cadastrale	DÉSIGNATION DES CLIMATS OU LIEUX DITS	CONTENANCE par CLIMATS.	CLASSEMENT SUIVANT LE MÉRITE DES PRODUITS,		
			1re CLASSE	2e CLASSE 43 h. 21 a. 00 c.	3e CLASSE 70 h. 79 a. 50 c.
		h. a. c.			
V.	Les Echaillons. . . .	8 54 40		. . . .	1-24.
	Le Bas-des-Mares-d'Or.	17 66 70		. . . .	410-474.
X.	Les Echaillons. . . .	8 54 40		. . . .	1-24.
	Les Gremeaux. . . .	12 21 49		. . . .	39-102.
	Les Champs-Perdrix.	16 61 »		103-201.	
	Les Mares - d'Or. . .	9 05 90		202-236.	
Y.	Les Echaillons. . . .	9 01 20		. . . .	218-258.
	Les Violettes.	8 79 40		. . . .	312-349.
	En Montre-Cul. . . .	17 54 40		350-421.	
	Les Valandons . . .	14 56 70		. . . .	422-499.

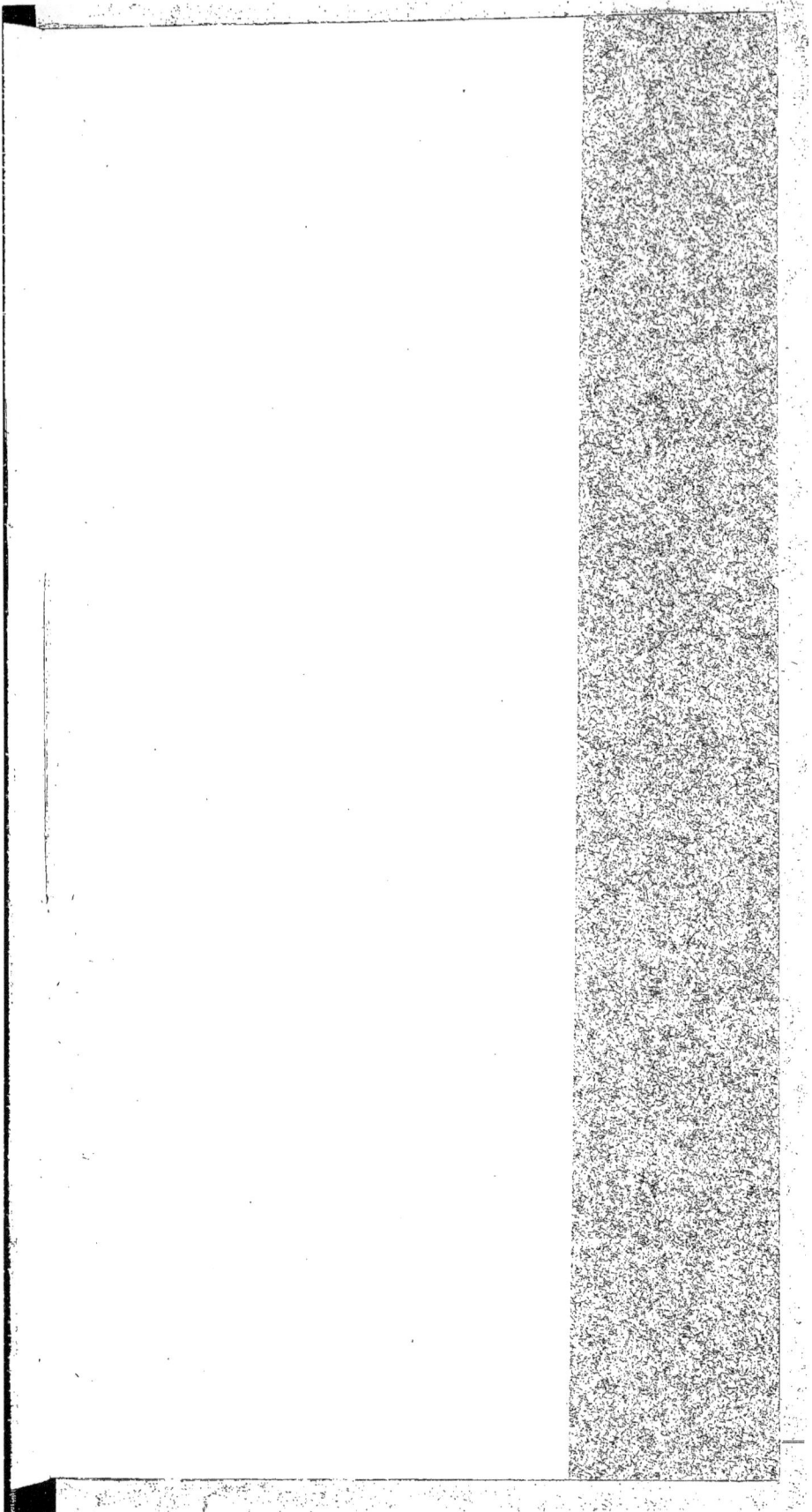